祝酒词

风丽 编著

北京日报出版社

图书在版编目（CIP）数据

祝酒词 / 风丽编著 . -- 北京 : 北京日报出版社，2025. 1（2025.1 重印）. -- ISBN 978-7-5477-5145-9

Ⅰ. TS971.22

中国国家版本馆 CIP 数据核字第 2024D2C634 号

祝酒词

出版发行：北京日报出版社
地　　址：北京市东城区东单三条8-16号东方广场东配楼四层
邮　　编：100005
电　　话：发行部：（010）65255876
　　　　　总编室：（010）65252135
印　　刷：德富泰（唐山）印务有限公司
经　　销：各地新华书店
版　　次：2025年1月第1版
　　　　　2025年1月第 2 次印刷
开　　本：880毫米 × 1230毫米　1/64
印　　张：4
字　　数：76千字
定　　价：39.00元

前言

PREFACE

酒，作为一种特殊的文化符号，贯穿于古今中外的社交场合。从古老东方的宫廷盛宴到西方中世纪的贵族聚会，从现代国际商务宴请再到民间的家常小酌，酒凭借其独特的魅力在各种社交活动中占据着重要地位。而在这些社交场合中，祝酒词无疑是酒桌上的灵魂所在，它不仅开启了饮酒行为中情感与文化的大门，更让酒超越了饮品的范畴，成为连接人与人心灵的媒介。

祝酒词并非简单的话语堆砌，而是人们在举杯饮酒这一特殊时刻吐露的心声。它承载着满满的祝福，那是一种对未来的美好期许；它蕴含着诚挚的感谢，似涓涓细流润泽人心；它也是热情的欢迎，如同阳光般温暖，能驱散阴霾。作为酒文化与社交礼仪的完美结合，几句恰到好处的祝酒词能够瞬间拉近彼此的距离，营造出亲切和谐的氛围。

正因为祝酒词有着非凡的意义和价值，我们才精心编撰了这本《祝酒词》。本书分为上、下两篇，内容丰富全面。在上篇中，我们层层深入，详细阐述了祝酒词的起源和发展历程，还深入剖析了祝酒词的常见结构、写作特点以及独特的语言艺术。上篇的内容引导您追根溯源，深入领略祝酒词的博大精深，感受其中蕴含的智慧与魅力。

在下篇中，我们从实际需求出发，精心挑选并列举了适用于多种社交场合的祝酒词，包括庆典、婚宴、聚会、生日、送别、节日、职场、商务等。无论是身处轻松愉悦的家庭聚会，还是庄重严肃的商务宴请，您都能在本书中找到恰如其分的祝酒词，助力您的社交活动更加得体、出彩。

本书不仅具备实用性，而且可以为您的言辞增添魅力，帮助您在任何场合中自信从容地表达心意。我们真诚地希望，它能够成为您在社交场合中的得力助手。无论何时何地，翻开本书，您将掌握社交的智慧，为自己的人际交往增添光彩，成为社交场上备受瞩目的幸运达人。

目录

CONTENTS

上篇　祝酒词的前世今生

第一章　祝酒词的起源与发展…………… 2

第一节　祝酒词的起源…………………………3

第二节　祝酒词的发展…………………………9

第二章　祝酒词的基本概论……………… 16

第一节　祝酒词的常见结构……………… 17

第二节　祝酒词的写作特点……………… 23

第三节　祝酒词的语言艺术……………… 28

下篇　酒桌上的祝酒词

第一章　庆典，风雨同舟创辉煌…………35

第一节　庆功祝酒词…………36
第二节　升学祝酒词…………42
第三节　表彰祝酒词…………48
第四节　周年庆典祝酒词…………54

第二章　婚宴，天作之合谱华章…………60

第一节　单位领导祝酒词…………61
第二节　长辈祝酒词…………67
第三节　平辈祝酒词…………73
第四节　朋友祝酒词…………78

第三章 聚会，开怀畅饮话友谊…………84

第一节 家庭聚会祝酒词…………85
第二节 朋友聚会祝酒词…………91
第三节 师生聚会祝酒词…………97
第四节 同乡聚会祝酒词…………103

第四章 生日，福寿绵延一万年………109

第一节 长辈生日祝酒词…………110
第二节 同辈生日祝酒词…………121
第三节 宝宝生日祝酒词…………130
第四节 其他人生日祝酒词…………138

第五章 送别，一路顺风伴你行………144

第一节 亲人送别祝酒词…………145
第二节 友人送别祝酒词…………151

第三节　升学饯行祝酒词……………………157
第四节　老师送别学生祝酒词………………163

第六章　节日，欢度佳节同相知………　169

第一节　元宵节祝酒词……………………170
第二节　妇女节祝酒词……………………176
第三节　端午节祝酒词……………………183
第四节　中秋节祝酒词……………………189
第五节　重阳节祝酒词……………………195
第六节　国庆节祝酒词……………………201

第七章　职场，携手并肩谋事业………　207

第一节　升迁祝酒词………………………208
第二节　调动祝酒词………………………214

第八章　商务，砥砺前行绘新篇……… 218

第一节　迎宾祝酒词…………………219

第二节　开业祝酒词…………………225

第三节　签约仪式祝酒词……………231

第四节　营销展览祝酒词……………237

上篇

祝酒词的前世今生

第一章　祝酒词的起源与发展

祝酒词，出现在酒席起始之时。它是主人热情欢迎、诚挚问候宾客的话语，也是宾客答谢主人、送上祝福的表达。它虽然篇幅短小，却言辞庄重，蕴含着巨大的情感力量。它承载着人们对纯洁友谊的歌颂、对血浓于水亲情的眷恋、对甜蜜爱情的向往、对蒸蒸日上事业的期待等诸多美好祈愿。它广泛应用于庆典、婚宴、聚会、生日、送别、节日、职场、商务等各类场合，在不同情境中闪耀着温暖的光芒。

第一节　祝酒词的起源

从字面意义来看，祝酒词和酒有着错综复杂、难以分割的紧密联系，它是紧紧依托酒这一独特的文化元素才得以产生的。酒在漫长岁月里的发展历程，就像是一片肥沃的土壤，为祝酒词的诞生和后续的发展提供了充足的滋养。要深入探究祝酒词的起源，先要揭开酒的起源之谜，唯有这样才能更深刻地理解祝酒词的形成与发展。

据考古学家证明，近现代出土的一些陶器，都具备了酿酒所需的各种条件。这些古老的陶器向人们传递着一种来自远古的信息：早在黄帝时期至夏禹时代，酿酒活动就已悄然展开。从那时起，酒便开始了漫长的历史征程，距今已走过了悠悠五千年。

在这漫长的岁月里，有大量与酒相关的记述，人们将“猿猴造酒”视作酒最初形成的方式。众所周知，猿猴是一种充满灵性、机敏非凡的动物，它们在深山野林中繁衍生息，在巉岩林木间跳跃攀缘。在水果成熟的季节，它们凭借原始的生存本能和丰富的生活经验，展现出了一种独特的行为：它们会将大量的水果收集并贮藏在石洼中。这些堆积起来的水果在自然界的神奇作用下，成为一种创造“奇迹”的原料。

值得注意的是，猿猴贮藏水果的行为，不仅没有对水果原本的食用价值造成破坏，反而带来了意想不到的奇妙变化。在自然发酵下，水果产出了一种具有特殊意义的液体——酒。这种液体散发着独特的香味，成为猿猴喜爱的美味。由于它是猿猴在无意间创造出来的，所以人们赋予它一个形象的名字——猿酒。

在上古时期，人类的生产力水平极为低下。面对广袤而神秘的大自然，人们的认知还处于懵懂阶段。面对那些无法理解的自然现象，他们将其看作上天的恩赐。

当人类偶然发现“猿酒”时，他们的第一反应并非简单地聚在一起共同“畅饮”，而是怀着一颗敬畏之心，将这佳酿视为上天赐予的礼物，口中说着感激的话语，眼神中满是对神灵的敬畏。

按照当时的社会习俗，每当人们幸运地获得珍贵的食物时，首要之事便是将其敬献给首领。首领收到礼物后会迅速召集所有族人，开启庄严肃穆的祭祀活动。在神圣的祭祀仪式上，人们会纷纷拿出珍藏的各种宝物，虔诚地供奉神灵和先祖。首领作为全族的代表，会庄重地说出“感谢您赐给我们……”等话语。等首领发言完毕后，祭祀仪式才会进入饮酒环节，而随后盛大的篝火晚会也由此正式拉开帷幕。

随着时间的推移，经过历史的传承与发展，祭祀活动持续演变且日益丰富。在后来的祭祀仪式里，酒的地位愈发凸显，成为不可或缺、至关重要的元素。同时，祝酒词也在漫长的历史进程中逐步形成了较为固定的内容和格式，深深地融入人们生活，最终成为一种深入人心、广为流传的传统习俗。

从形式上看，那时的祝酒词与现代的

相比，可谓天壤之别。然而，它们在目的和核心内容方面却有惊人的相似之处。这就表明，祝酒词的起源早于人工酿酒的出现，并且在古老岁月里就已成为一种广泛流传的文化习俗。它承载着人类对神灵的敬畏之情和对美好生活的热切向往，在历史长河中留下了不可磨灭的独特印记。

第二节　祝酒词的发展

祝酒词的发展历程颇为漫长，其发端于远古时期，最初仅仅是人们围绕“猿酒”进行的虔诚祈祷。随着时间的推移，它开始形成约定俗成的形式和语言格式，成为一种独特的文化表达方式。在其演变的过程中，酿酒的工艺水平日益提高。酿酒业的蓬勃发展，为祝酒词提供了坚实的物质支撑。同时，社会礼仪形式和文化氛围的持续变化，为祝酒词注入了丰富多元的内涵。

早在商朝与周朝时期，人工酿酒便已悄然兴起，并且迅速在宫廷中风靡，成为日常饮宴中必不可少的元素。彼时，酒开始突破其原有的局限，不再仅仅是服务于祭祀的神圣之物和宫廷专属的奢侈品，而是逐渐走向民间，融入到不同文化阶层的生活中。无论是平民百姓之家还是达官贵人之府，酒都占据了一席之地。然而，因为场合和身份地位的不同，饮酒时的祝酒词也各有千秋，展现出多种不同的风格。

到了春秋时期，祝酒词呈现出两个显著的特征：第一，成为皇家、士大夫所用的“礼节”祝酒词。在宫廷御宴这种重大场合，大臣向皇帝敬酒之际，言辞之间尽是对皇帝的溢美之词，或夸赞其文治武功，或颂扬其圣明贤德，这就是典型的“礼节”祝酒词。第二，成为寻常百姓家的“欢聚”祝酒词。每逢佳节或是送行饯别之时，百姓们举杯欢庆或送别，将心中的情感寄托于酒，这种祝酒词字字句句饱含着真挚的情感。

从春秋后期至隋末唐初，祝酒词步入了发展阶段，并逐渐形成一种固定模式。在这个过程中，人们对酒俗愈发重视，将酒文化推向了一个全新的辉煌时代。秦汉时期，宫廷饮宴设有专门的负责人员，可见饮宴在宫廷生活中占有重要地位。然而，此时的饮宴已突破了单纯的聚会庆典范畴，不再只是为人们带来愉悦。在特定的情形下，它可能会演变为军事家、政治家施展谋略的舞台。因此，人们在说祝酒词之前必须要深思熟虑，每一个字每一句话都要谨慎斟酌。

魏晋南北朝时期，饮酒之风日益盛行，在文人墨客群体中更是风靡。他们巧妙地将诗与酒紧密相连，让以酒伴诗、以诗祝酒的文化现象达到了登峰造极的地步。曹操的“对酒当歌，人生几何”，尽显豪迈之情。这些才华横溢又钟情于酒的文人，让酒产生了巨大的名人效应。无论是上层社会的奢华宴会还是寻常百姓的普通聚会，饮酒作诗都成为一种乐趣和风尚。

到了唐朝，这个文化繁荣昌盛的时代，酒文化同样被深深地镌刻上了时代的印记。无论是上层社会的达官贵族，还是市井之中的普通百姓，在饮酒之际必定会赋诗一首。唐朝经济蓬勃发展、国力强盛，城中大街小巷酒家林立，为“文雅饮酒”的风气提供了坚实的物质基础。不仅如此，当时任何一种流行的文学形式都会对祝酒方式产生影响。

宋朝时期，词这一文学形式的兴起改

变了人们祝酒的方式。在酒席上，吟诗作对不再是唯一彰显风雅的途径，人们更多地选择即兴赋词、谱曲，之后吟唱祝酒，将对他人的美好祝福融入词曲之中。这一时期，酒楼、酒店遍布街头巷尾，数量较唐朝更为可观。时至今日，在祝酒词中仍能看到古风韵味，以诗词为祝酒活动助兴也极为常见，这些诗词让祝酒氛围更加浓郁。

元明清时期，酒文化的氛围变得更加浓厚，酒俗也变得更加讲究。这一时期，在酒宴上仅吟诗赋词已难以满足人们的需求。为了将饮酒的兴致推向更高，从元代开始，划拳、行令等娱乐方式逐渐盛行。

无论是潜移默化的文化影响还是直接的文化传承，都使得祝酒词的内容变得更加丰富、形式更加多样。祝酒词承载着各个时代人们的情感、礼仪和文化内涵，如同历史的见证者，默默诉说着中华民族在历史长河中的发展。

第二章　祝酒词的基本概论

在社交这个舞台上，祝酒词是一条至关重要的情感纽带。在结构方面，它有着清晰的脉络，或开门见山地表达祝福，或循序渐进地引入主题；在内容方面，它有着鲜明的特点，虽短小精悍，却内涵丰富；在语言方面，它有着情感丰沛的词汇、精准的措辞及恰当的节奏韵律。了解祝酒词的结构与特点，能够让我们在举杯之际用言语为美酒增添韵味，为社交活动增光添彩。

第一节　祝酒词的常见结构

祝酒词分为简约祝酒词和书面祝酒词两种类型。简约祝酒词是指在表达祝福时，能够简单巧妙地引用一些经典诗句或名言警句，让祝福更具韵味；书面祝酒词则是日常写作中一种极为重要的文体，有着特定的格式和模板，以供人们学习与实践。

它的内容短小精悍，可以准确地传达出祝福之意。

祝酒词包括标题、称呼、正文和结尾四个部分。其中，书面祝酒词的模板只是一种参考范例。在实际应用中，发言人需要依据具体的情境，在遵循既定格式的前提下自由发挥。需要注意的是，发挥的内容不能脱离当时的场景、地点以及相关事件的主旨。只有这样，才能让祝酒词契合氛围，传达出一种真挚的情感。

1. 标题

祝酒词的标题有特定的构成方式，通常由致辞人（祝酒人）、致辞场合和体裁这三个部分组成。比如，“× × 领导在 × ×

公司开业典礼上的致辞”。通过这样的标题，能够清晰、准确地向受众表明发言的主体是谁、是在何种场景下进行发言等信息。在正式或官方的重要场合，为了彰显庄重性，通常都按照这个格式来拟定。不过，在一些特殊情况下，这三个部分可以适当简化，以更好地适应各个场景。

2. 称呼

在祝酒词中，称呼是一个关键要素，需要把握好分寸，做到该严肃时严肃，该轻松时轻松。首先，要明确指出受祝对象。比如，使用“××先生”“××女士”“××经理”这些正式称呼，或者“各位领导”“各位来宾”“诸位朋友”等较为通用的表述。其次，在非官方、非正式的聚会情境下，可以使用一些时兴词汇。比如，称呼“亲爱的观众朋友们”，这样能为现场营造轻松和谐的氛围。如果是朋友或家人占多数的场合，可以直接称呼“朋友们”“家人们”等，这样更显得简洁大方。

3. 正文

在任何场合中，开场时都应当首先向出席者表达诚挚的感谢、热情的欢迎以及亲切的问候。开场语不能千篇一律，而是要依据宴请对象的身份特征及宴会本身的性质进行适当的调整。比如，可以讲述事业发展历程以及所取得的成果，还可以适时添加自己的观点，或是对相关人员给予褒奖。如果是大型企业聚会，正文内容不仅要有更细致的阐述，如详细罗列企业履历，还要融入对宴请对象的殷切期盼。如果是大型工程的庆功宴，则需要运用更为官方、庄重的辞令。一般而言，婚宴、生日宴是最常见的宴会类型。

4. 结尾

在祝酒词的结尾，通常会采用“为××人、××事而干杯”这种形式。如果是在开业庆典这样的场合，可以说“为了生意兴隆而干杯”，将对商家的美好祝愿融入其中；如果是庆祝新人入职，可以说“为了××光明的前途而干杯”，表现出对其职业生涯的良好期许；如果是庆祝乔迁新居，可以说“为安居乐业而举杯”。不难看出，结尾的目的就在于把那些美好的祝愿寄托在手中的酒杯里，并通过敬酒这一行为传达出去，为整篇祝酒词画上一个圆满的句号。

第二节　祝酒词的写作特点

从古至今，无论是张灯结彩的喜宴、福寿满堂的寿宴，还是轻松愉悦的朋友聚会等各种场合，人们在举杯碰盏间营造氛围、升华交情，在美味佳肴中谈成一桩桩美事，在欢声笑语里增进彼此的友谊。只有深入分析祝酒词的写法，我们才能灵活运用它，在觥筹交错中立于不败之地。

在这些宴会中，祝酒词有着不可忽视的关键作用。它是控制宴会气氛的关键所在，是把握宴会节奏的枢纽，是实现宴会目的的保障，更是保证宴会效果的核心要素。一篇出彩的祝酒词能让每一位参与者都留下深刻的印象，让宴会圆满成功。通常来说，一篇完整的祝酒词具有以下七个显著特点：

第一，祝酒词的核心在于表达充满祝愿性的话语。祝酒词承载着人们最美好的期许，常见的祝愿包括：心想事成，梦想成真；工作顺利，职场之路一帆风顺；事业红火，蒸蒸日上；感情融洽，甜蜜美满；

财运滚滚，富足无忧；身体康健，平安喜乐等。

第二，祝酒词的篇幅不宜过长，要保持短小精悍的特征。祝酒词需要用简洁明了的语言，精准地传达出情感与信息，做到言简意赅。同时，它还要蕴含符合当下情境和人物实际的深刻意义，让祝福真挚有力。

第三，祝酒词的内容要富有感染力和吸引力。祝酒词用语要热情激昂、充满活力，可以让被祝福人从中感受到温暖与愉悦，受到深深的激励和鼓舞。祝酒词是宣讲性文稿，还需要融入祝酒人自己的情感，包括喜悦之情、鼓励之意、希望之情、褒扬之赞，这样的语句能使对方感到欣慰。

第四，祝酒词的用语要合理恰当。祝酒词既不能使用带有辩论、谴责意味的词句，也不能用伤感、埋怨的语气。因为社交场合不是辩论或发泄的地方，前来赴宴的客人是为了庆祝、捧场，而不是来听主人发牢骚的。因此，致辞人要注意把控自身的情感，拿捏好分寸。

第五，祝酒词措辞要分清书面语和口语。如果是在严肃正规的场合，就要尽量使用官方且书面的语言。如果是在寻常的生活交际场合，就要以欢快的基调为主。此时，使用贴近生活的口语，不仅能使人感到亲切，还可以快速拉近关系。

第六，祝酒词在语言上要有节奏感。当祝酒词的语言具备节奏感和韵律感时，就能够大大增加情绪感染力。这里的节奏感和韵律感并非要求用词像写诗般严格押韵，而是指在说话语速上形成起伏，把握好断句与重音，吸引听众，唤起共鸣。

第七，祝酒词需要掌握好分寸。正所谓过犹不及，分寸至关重要。在祝酒的过程中，说赞美之词固然重要，但是也要避免言过其实。如果过分夸大，不但无法让对方感到真正高兴，反而会给人留下谄媚逢迎的不良印象。

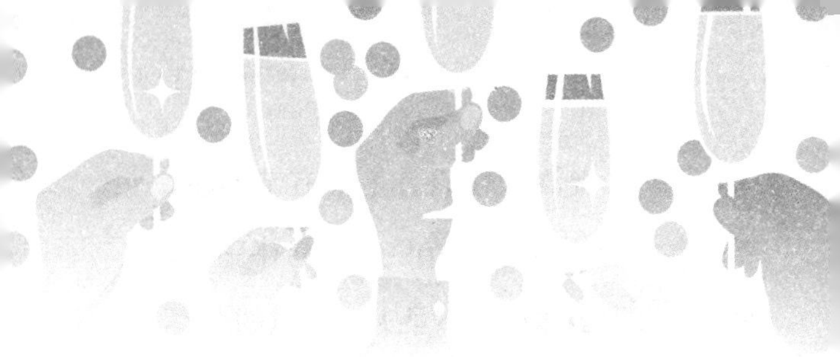

第三节　祝酒词的语言艺术

在宴会满是欢声笑语的氛围中，更要展现祝酒词独一无二的语言艺术。它绝不是平淡如水、毫无韵味的简单话语，而是一座情感传递的桥梁。祝酒词不仅要用词精辟、修辞巧妙、文采斐然，还要使妙、直、畅、真四大特点相互交织，这样才能为宴会涂抹别样的色彩，注入温暖的力量。

1. 用词精辟

在热闹的宴会上，宾客们欢声笑语，皆持杯待饮。如果宴会的流程过于冗长，整个氛围便会变得枯燥乏味，人们也容易失去兴致。因此，简短精练的祝酒词更能赢得大众的青睐。这也就要求祝酒词的用词要足够精辟、准确得体，可以让所有人瞬间理解，且趣味十足。精辟的用词不仅可以保证祝酒词的质量，还可以提升大家的情绪，让宴会氛围似火般热烈。

2. 巧用修辞

修辞在祝酒词创作中有着重要作用。

它通过比喻、衬托、铺垫、拟人等多种手法来修饰和调整语句，从而有效地增加文字表达的层次。其中，比喻手法最为常用，它简单易懂，很容易被人接受。使用比喻时，只要清晰地点明主体和喻体，就能让听众会心一笑。适当地运用修辞，可以让祝酒词更加生动形象，给听众留下深刻的印象。

3. 讲究文采

在讲话的过程中，巧妙地引用诗词和典故，可以让说出的话语更具力量，更能打动人心。在贺词中引用典故或大量使用比喻的情况十分常见。例如，在父母的寿宴上，可以深情地说道："我愿效仿老莱子彩衣娱亲，希望能给您带来更多的欢乐。”在温馨浪漫的婚宴上，可以对新人送上诚挚的祝福：“愿你们像比翼鸟一般双宿双飞，举案齐眉，琴瑟和鸣，爱情长长久久。”善用比喻和典故，不仅能够让言辞恰到好处，更能以一种高雅、深情的方式传达内心的美好祝愿。

4. 妙、直、畅、真

“妙”是指无论在书面语言中，还是在非正式的礼仪用语中，绝妙的用词都有着非凡的魔力。它能够为语言注入幽默感、高级感，还可以有效地烘托氛围，让整个场面更加和谐融洽。“直”是直接清晰地表明主旨，摒弃迂回婉转，而是开门见山，将召集众人的主要目的坦诚地说出来。“畅”是指语言表达流畅，用词简洁利落，不拖泥带水，让听众感受到祝酒人的信念感。“真”是指祝酒词必须要满含真情实感。只有这样，才能让听众感受到说话人的用心，从而拉近彼此的距离。

在中国这片广袤无垠的土地上，礼仪向来备受人们的重视，人情也在岁月的洗礼中变得意味深长。酒桌文化宛如一座神秘的宝藏，值得人们用心去钻研和探索。其中，祝酒词占据着关键地位，它承载着表达诚挚谢意、抒发细腻情感、传递美好祝福等重要使命，仿若人际关系的黏合剂，能让彼此的情谊愈发紧密、稳固。

更重要的是，如果人们能够熟练掌握

在宴会上发言的要点，就能够在保证言辞简单扼要、精准无误地传达自身观点的同时，巧妙地融入一些口语化的幽默元素。正是这些妙趣横生的话语，会使整个发言妙语连珠，引得满堂喝彩，从而让整个酒宴沉浸在欢乐的海洋中，气氛被推向高潮，给每一位参与者都留下难忘的记忆。

下篇

酒桌上的祝酒词

第一章　庆典，风雨同舟创辉煌

庆典酒宴，包括庆功之宴、升学之喜、表彰大会、周年庆典等。对于个人而言，这些时刻是难忘的里程碑；对于群体而言，则是充满纪念意义的辉煌之日。在这样特别的时刻，自是少不了美酒相伴。美酒是助兴的佳品，可以让欢乐的氛围更加浓郁；美酒是言谢的媒介，每一滴都饱含着诚挚的感激；美酒是感恩的载体，将心中的谢意传递给每一位相助之人。这不仅是一场庆典，还是一次情感的交融，更是一次惬意无比的欢聚。

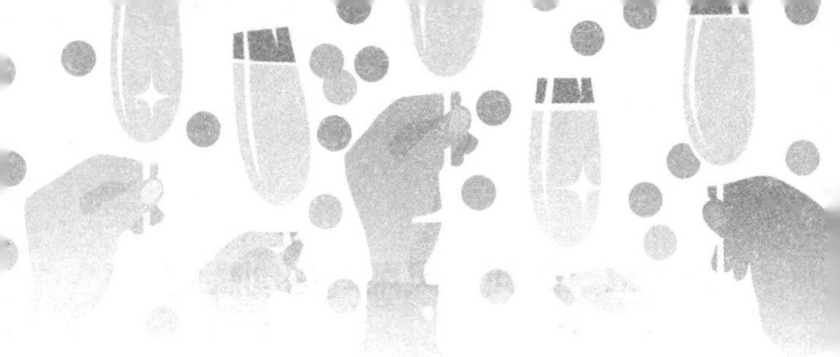

第一节　庆功祝酒词

庆功祝酒词的正文部分，是整个致辞的核心，主要用来总结成绩、表达感激、激励士气，并与主题呼应。用精练而充满激情的语言总结取得的成就，突出成果的非凡意义，并借机对所有参与者和支持者表示感谢，体现谦逊与温情。语言表述要准确，用词要精练。

1. 团队庆功宴祝酒词

【宴会名称】团队庆功宴会

【参加人】公司领导及部门同事

【祝酒人】××主管

各位领导及团队伙伴们：

大家好！今天，我们全体成员满怀喜悦与自豪，齐聚于此，共同庆祝团队这次取得的重大胜利。

回首这次项目推进的过程，从最初接到工作任务的那一刻起，大家便以昂扬的斗志进入状态。在市场调研阶段，调研小组的同事们不辞辛劳，奔赴各地，深入一线，收集了海量数据。他们不放过任何一个可能影响项目走向的关键信息，为项目方向精准定位。策划团队则反复研讨，精心雕琢每一个细节，经过无数次的推翻与重建，才形成了如今完善的方案。

在执行工作时，公司各部门更是紧密配合。研发与技术人员在面对一个个棘手的技术难题时，毫无退缩之意；生产线上的同事们加班加点，全力保障产品质量与交付进度。大家心往一处想，劲往一处使，凝聚成一股坚不可摧的力量。

正是因为每一位伙伴的全力以赴，才有了今天的荣耀时刻。这份成功属于我们每一个人！现在，我提议，让我们共同举起酒杯，为这一路的拼搏与坚持，为牢不可破的团队情谊，干杯！愿我们的团队未来继续乘风破浪，创造更多的辉煌！

2. 登山队凯旋祝酒词

【宴会名称】登山队凯旋庆功会

【参加人】登山队成员、报社领导、其他来宾

【祝酒人】××报社总编

尊敬的各位领导、各位来宾：

大家好！今天，我的心情格外激动。在这个意义非凡的时刻，我有幸见到了一直以来都十分钦佩的××登山队的××名勇士。他们每个人身上都散发着一种独

特的魅力，那是经历过艰难险阻后沉淀下来的坚毅与自信，今天与大家相见的场景将永远铭刻在我的心间。

在此，我谨代表《×× 报》，向 ×× 登山队成功登顶珠峰这一伟大壮举表示热烈的祝贺和亲切的慰问。如今的时代，缺乏的是一种不畏艰险、勇攀高峰、同舟共济的精神。然而，就是眼前这 ×× 名登山勇士，他们用自己的行动彰显了这种伟大的精神，不仅鼓舞了社会各界人士，也振奋了民族士气！

在这里，我要特别提到 ×× 同志。他是《×× 报》的记者，也是一名业余登山爱好者。他的举动为 ×× 省登山运动的发展写下了新的一页，为《××报》作出了巨大贡献。此时此刻，让我们用最热烈的掌声对他的成功表示最诚挚的祝贺！

最后，让我们共同举杯，为勇士们干杯！

第二节　升学祝酒词

莘莘学子经历了十几年的寒窗苦读，承受了无数学习的压力，也勇敢地面对了人生的重重考验。在考场上，他们过五关斩六将，最终考入了理想的大学。对于他们而言，这是人生的高光时刻；对于他们的父母而言，这是骄傲的瞬间。祝酒词不仅要表达对升学学子的真诚祝福与关爱之情，还要蕴含对学子成长历程的回顾和感慨。

1. 升学宴会祝酒词

【宴会名称】升学宴会

【参加人】家人、亲朋好友、老师

【祝酒人】学生父亲

尊敬的各位亲朋好友、各位老师：

大家好！今天的宴会大厅因为你们的光临而璀璨生辉。在此，我首先代表全家人发自肺腑地说一句：感谢大家多年以来对我儿子的关心和帮助，欢迎大家的光临，谢谢你们！

这是一个秋高气爽、阳光灿烂的季节，这是一个捷报频传、收获喜讯的时刻。正是通过冬的储备、春的播种、夏的耕耘，才有了秋的收获。我在此感谢所有亲朋好友，感谢所有老师，感谢所有兄弟姐妹。

儿子，爸爸希望你能记住：青春像一只银铃，系在心坎，只有不停地奔跑，它才会发出悦耳的声响。在大学的知识殿堂里，以科学知识为良种，用勤奋做犁锄，我们必将耕耘出一片比秋日收获更加辉煌、更加芬芳的金黄世界。

现在我邀请大家共同举杯，为今天的

欢聚，为我的儿子考上理想的大学，也为我们每个人的健康和快乐，一起干杯！

2. 升学宴会祝酒词

【宴会名称】升学庆贺宴

【参加人】家人、亲朋好友、老师、同学

【祝酒人】学生母亲

尊敬的各位老师、各位同学、各位亲朋好友：

大家好！首先，热烈欢迎各位老师、同学、亲朋好友光临我女儿的升学宴！十几年的寒窗苦读，女儿终于有了今天的收获，考上了理想的大学。9月，女儿就要踏上新征程，我们会把对她的思念珍藏在心里。我相信，这种思念会照亮女儿的前进之路。

考上大学只是一个新的开始，人生之路还十分漫长。在此，我想送给女儿三句话：一是纪晓岚的“一等人忠臣孝子，两件事读书耕田”，希望她能够做一个对社会有用、关爱家庭、好好读书、认真工作的人。二是葛洪的“学之广在于不倦，不倦在于固志”，希望她明白做学问不仅要树立坚定的目标，还要坚持不懈地学习。三是“事在人为”，鼓励她在未来的日子里要懂得积极进取。

最后，我衷心地感谢各位老师、同学

和亲朋好友。这些年来，在大家的关怀和帮助下，我的女儿进步很大。在此，我向大家表达真诚的感谢。让我们一起，为大家的身体健康、事事顺利干杯！

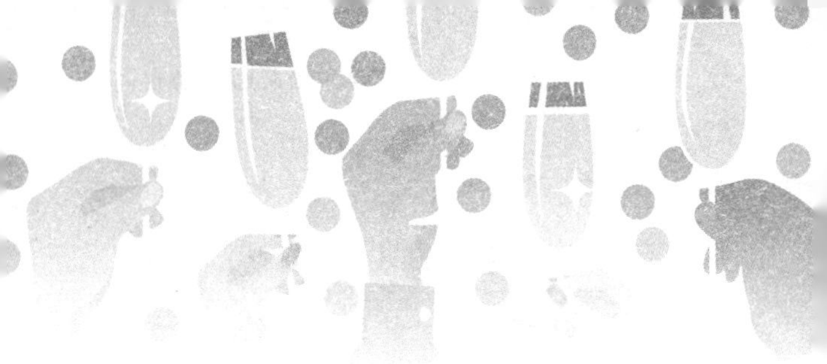

第三节　表彰祝酒词

在正式的表彰大会上，有关领导、主办方负责人抑或是获奖人会发表祝酒词。对于领导和主办方负责人而言，祝酒词要有三个鲜明的特点：第一，要清晰地阐释颁奖典礼的目的和深远意义，让人们明白活动的价值；第二，要诚挚地感谢相关领导和单位组织的支持；第三，要对获奖者予以热情的祝贺和高度的褒奖，以激励众人。

1. “文明家庭”表彰大会祝酒词

【宴会名称】“文明家庭”表彰大会

【参加人】居委会成员、街坊邻居

【祝酒人】居委会主任

各位邻居、各位朋友：

大家好！今天，我们小区在这里召开“文明家庭”表彰大会，这对推动文明建设、构建和谐社会有着重要的意义。我代表小区居委会，向“文明家庭”表示热烈的祝贺，对来宾表示衷心的感谢！

今天受表彰的家庭中，既有夫妻比翼齐飞、共同创业的奋斗之家，也有弘扬美德、尊老爱幼，倡导文明健康的新风之家；既有乐于助人，长期为社会奉献爱心的友善之家，也有面对人生重大变故依然相互支持、患难与共的坚强之家。这些家庭完美地融合了传统美德与时代精神。

召开此次表彰大会，就是希望其他家庭能够向他们学习，学习他们坚强的意志、锐意进取的精神、乐观的人生态度、崇高的境界以及宽广的胸襟。此外，还要倡导文明的生活方式，树立良好的道德风尚，以家庭文明促进社会和谐发展。

家庭是社会生活的基本单位，和谐的

家庭关系对于孩子的成长、夫妻的感情、社会的安稳都十分有利。现在，请大家共同举杯，为家庭幸福欢乐，为大家身体健康、工作顺利，干杯！

2. 运动会表彰大会祝酒词

【宴会名称】运动会表彰大会

【参加人】有关领导、全体参赛运动员、全体教练

【祝酒人】体育局领导

尊敬的各位领导、各位教练员、各位运动员：

人逢喜事精神爽，今天是个喜庆丰收的日子，我们欢聚一堂共度良宵。今夜，

月色迷人，彩灯高挂；今夜，我们共饮美酒为成功干杯，为未来助威。

为了能在本次运动会上取得骄人的成绩，各级领导高度重视、大力支持，各单位也全力配合。在教练的指导下，运动员们团结协作、刻苦训练、顽强拼搏，取得了令人瞩目的成绩，展现了全队一条心、全员一股劲的团队作风和进取精神。

在这个收获的日子里，我代表体育局向参加本次运动会的所有教练员、运动员和工作人员表示亲切的问候，向取得优异成绩的运动员表示热烈的祝贺，向给予本次活动大力支持的单位和领导表示衷心的感谢！

此时此刻，我只能用美酒表达内心的激动之情。酒越陈越香，运动员获得优异的成绩也需要坚强的毅力和不懈的努力。虽然过程艰苦，但结果是香甜的。

“征途上战鼓擂，条条战线捷报飞。待到理想化宏图，咱重摆美酒再相会。”期待大家取得更大的胜利，希望在不久的将来，我们能再次相聚，共享美酒。干杯！

第四节　周年庆典祝酒词

周年庆典祝酒词的重点在于表达出欢度周年庆典的愉悦之情。结婚周年庆和毕业周年庆不仅是感恩与庆祝的时刻，更是一种情感纽带的巩固和精神的传递。主办方通过精心筹备，确保活动意义深远、氛围融洽，让参与者都能感受到温暖与激励！

1. 结婚周年庆典祝酒词

【宴会名称】结婚十五周年庆典宴会

【参加人】夫妻、亲朋好友

【祝酒人】××好友

尊敬的女士们、先生们：

大家好！在这个特别的日子里，我们欢聚一堂，共同庆祝××夫妻结婚十五周年，也就是象征着美好的“水晶婚”。水晶晶莹剔透，如同他们平凡而美好的婚姻。

这对夫妻的缘分，早在十八年前就已悄然种下，从相知到相恋，爱情的种子生根发芽。他们的婚姻，就像一首永远唱不完的浪漫情歌，充满了温情与甜蜜。在平常的日子里，他们总是相互陪伴：街头巷尾有他们手挽手逛街的身影；每逢长假，他们便背上行囊，开启一段属于他们的浪漫之旅；在那些闲暇的午后，他们会静坐在窗边，一边品味着茶香，一边沉浸在书的世界里。

这十五年的婚姻之路，他们手牵手、肩并肩，一路相互帮助、彼此支持走来。面对争执，他们相互退让；对待彼此，总是友善与爱护。他们用行动向我们诠释了爱情的真谛——平平淡淡才是真。

现在，请大家共同举杯，带着满满的祝福，祝愿××夫妻“水晶婚”愉快，愿他们的家庭永远美满，身体一直健康。同时，也把这美好的祝福送给每一位朋友，愿大家都能拥有甜蜜的爱情和幸福的生活。干杯！

2. 毕业周年庆典祝酒词

【宴会名称】毕业十周年庆典酒宴

【参加人】老师、同学、其他来宾

【祝酒人】××同学

各位老师、各位同学、各位来宾：

大家好！今天，我们在××市欢聚一堂，隆重纪念××学校××班毕业十周年。十四年前的我们，怀着同样的梦想和憧憬，从五湖四海相聚到××学校××

班这里。

此时此刻，忘不了的，是我们曾同窗×载，在老师的辛勤培育下，共同走进知识的殿堂；忘不了的，是我们曾朝夕相处，一起畅叙衷肠。在毕业后的十年里，我们体味到了人生的百味。在我们中间，有的同学早已踏上新的征程，改行另谋发展；有的同学勇敢地选择了经商，在商海中拼搏奋进；更多的同学依旧坚守在教育一线，无私奉献，辛勤耕耘，成为各个学校的中坚力量。

无论我们身在何处、从事何种职业，不管彼此的距离有多么遥远，我们的情谊永远不变。让我们暂且放下各种心事，和亲爱的老师一起重温昨日的美好时光，共同畅想美好的未来。同学情，是割不断的情，是分不开的缘。只要我们心不老，青春和友情就可以像钻石一样永恒。

现在，请让我们共同举杯，祝同学们家庭幸福、身体健康、事业发达，愿我们的友谊天长地久。干杯！

第二章　婚宴，天作之合谱华章

当亲人满含热泪地举杯时，诉说的是最真挚的期盼：希望他们在未来的日子里无论风雨有多大，都要相互扶持、不离不弃，永远和睦温馨。当长辈带着慈祥的微笑举起酒杯时，传递的是殷切的嘱托：希望他们珍惜彼此的爱，传承和弘扬家族的美德。当单位领导高举酒杯时，寄托的是对新人美好未来的祝愿：希望他们的事业蒸蒸日上、爱情甜甜蜜蜜，生活如美酒般香醇。当朋友们举起酒杯欢呼雀跃时，表达的是满满的喜悦：希望他们的爱情像美酒一样浓烈，让生活充满欢声笑语。他们说的每一句祝酒词，都是对新人最美好的祝愿。

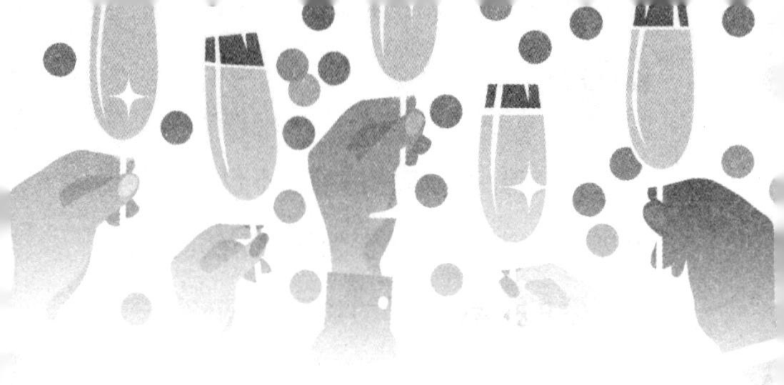

第一节　单位领导祝酒词

单位领导能够在百忙之中抽出时间来参加婚礼，充分体现出对新人有足够的关怀和重视。领导祝酒词的风格应既庄重又不失温情，内容要真挚且恳切。它要富含真诚的祝福，不仅要有对新人未来生活的期许，还要有对新人品德的称赞。好的祝酒词，就像一座情感桥梁，不仅可以传递关怀与祝福，还能加深领导与下属的情谊，为工作开展营造和谐的氛围。

1. 新郎公司领导祝酒词

【宴会名称】婚宴

【参加人】新人、领导、同事

【祝酒人】新郎领导

尊敬的女士们、先生们：

祥云朵朵萦绕屋宇，喜气洋洋盈满门庭。在这温馨又美好的日子里，我们共同见证 ×× 先生和 ×× 女士步入婚姻的神圣殿堂。

作为新郎公司的领导，我代表公司全

体员工向这对新人献上最诚挚的祝福。愿你们新婚幸福，每一个清晨都在彼此的爱意中苏醒；愿你们百年好合，在岁月的长河中始终紧握对方的手；愿你们白头偕老，在夕阳余晖下仍能深情对视。

从今天起，你们将开启崭新的生活篇章。在这大喜之际，新人要深知父母养育之恩重如泰山，当以反哺之心回报；亲友的关爱之情温暖似火，需铭记于心。每一份幸福都来之不易，要倍加珍惜。

借此机会，我想对 ×× 的新娘多说几句。你的眼光确实十分独到，因为 ×× 在我们公司可是当之无愧的业务骨干。在工作中，他一直兢兢业业，每次交给他的工作，无论难易，他总是能够全力以赴，凭借过硬的能力出色地完成。在生活中，虽然我了解得不够多，但我知道，他为人稳重，有着明确的目标；他心思细腻，可以洞察你的喜怒哀乐；他宽容大度，可以包容你的小脾气；他体贴入微，在你需要时会给予你依靠。

我相信，你们的婚姻是天作之合，未来的日子将因为彼此的陪伴而更加充实与幸福。让我们共同举杯，祝愿你们的人生从此开启美好的篇章，永远幸福、快乐！干杯！

2. 新娘公司领导祝酒词

【宴会名称】婚宴

【参加人】新人、领导、同事

【祝酒人】新娘领导

各位来宾、朋友们：

今天，非常荣幸能参加这场幸福洋溢的婚礼，见证我们公司优秀员工××（新娘）的美好时刻。在这里，我谨代表××公司以及所有同事，向新郎新娘送上最真挚的祝福！

作为新娘××公司的领导，我对她有着深刻的印象。在工作中，她踏实勤奋、积极向上，总能以专业和敬业的态度出色完成每一项任务，是我们团队里不可或缺的重要成员。正因如此，我相信，她在生活中也是一位体贴入微、值得托付的伴侣。新郎真的是拥有了一位聪颖贤惠的好妻子！

婚姻是人生的新起点，也是幸福的全新篇章。我希望你们在今后的日子里，互相扶持、共同成长，携手面对人生的每一次挑战。同时，也要用心享受生活中的每一份甜蜜和喜悦。

最后，让我们共同举杯，为这对才子佳人送上最诚挚的祝愿：愿你们百年好合、幸福美满，愿你们的未来如今天一样温馨美好！干杯！

第二节　长辈祝酒词

在整个婚礼流程中，长辈祝酒占据着独特的地位，它不仅是婚礼仪式中必不可少的环节，更是整场仪式的点睛之笔。新人的家长肩负着主人家的重任，他的祝酒词既要表达对到场来宾的衷心感谢，也要向自己的子女送上美好的祝福和寄予殷切的期望。这份祝词不仅承载着亲情的厚重，更体现了长辈对新人未来生活的祝愿与指引。

1. 新郎母亲祝酒词

【宴会名称】新婚宴会

【参加人】新人、亲戚、同事、朋友

【祝酒人】新郎母亲

尊敬的各位领导，各位女士、先生：

大家好！今天是我儿子 ×× 和儿媳 ×× 这对新人喜结百年之好的日子。此时，请允许我代表新人，偕同全家人对在座的各位来宾百忙之中前来参加他们的新婚喜宴，表示最热烈的欢迎和最衷心的谢意！

今天是个大喜的日子，相信大家的心情也如今天的天气这般舒畅。就在今天，儿子 ×× 与儿媳 ×× 结束三年爱情长跑，携手步入了神圣的婚姻殿堂。在相恋的三年里，他们相爱互助、彼此理解，爱情成为他们学习、工作和生活的动力。因为有对生活的热爱和对知识的渴求，他们甜蜜地走到今天，生活与命运已紧密相连，这真是天赐良缘。

作为 ×× 的母亲，我在此祝愿这对有情人终成眷属。愿他们的婚姻和和美美、甜甜蜜蜜。让我们举起手中的酒杯，为这对新人喜结良缘，为两个家庭缔结最亲密的合约，也为在场和不在场的所有亲朋好友的身体健康、工作顺利、家庭幸福，一起干杯！

2. 新娘父亲祝酒词

【宴会名称】新婚宴会

【参加人】新人、亲朋好友

【祝酒人】新娘父亲

尊敬的各位来宾，亲朋好友们：

大家好！今天是我女儿××和女婿××的大喜之日。在此，我谨代表我们全家，向前来参加婚礼的各位亲朋好友表示最衷心的感谢！感谢大家在百忙之中抽出时间，带着满满的祝福而来，让这个特别的日子更加温馨、更加难忘！

婚姻，从来不只是两个人的事，而是新人与两个家庭的神圣结合。自古以来，中华儿女就是依靠这样的方式，将血脉亲情代代相传。如今，看到女儿成家，我看到了家族延续的希望。亲爱的孩子们，你们要懂得长辈寄予你们的殷切期望，在往后的日子里，好好经营你们的生活。

作为父亲，我激动又欣喜。在这里，我衷心地祝福你们新婚快乐！今天意义非凡，在祖国大地上又诞生了一个新家庭。这个家庭不仅连接了两个家族的情感，也承载了长辈的殷切期望，激励着年轻一代的奋斗与追求。这是一个小家的起点，它凝聚了时代的恩泽、父母的辛劳和亲友的支持，其成立意义深远，值得倍加珍惜。

在此，我祝愿两位年轻人美满幸福、家庭和睦、白头偕老。希望你们用勤劳的双手和善良的心，共同营造温馨家园。家庭是人生最温馨的避风港，希望你们在家庭中收获幸福，携手迎接更加美好的明天。

让我们一起举杯，共同祝福这对新人喜结连理，两个家族幸福圆满。干杯！

第三节　平辈祝酒词

在婚宴上，不只是长辈会送上祝福，平辈们也会发表祝酒词，向亲人传达自己的美好祝愿。平辈的祝酒词与长辈不同，有着独特的韵味。他们可以分享新人在生活中的趣味故事，或是讲述自己作为平辈的真实感受，让现场氛围轻松愉悦。

1. 新郎哥哥祝酒词

【宴会名称】新婚宴会

【参加人】新人、亲朋好友

【祝酒人】新郎哥哥

尊敬的女士们、先生们：

大家好！今天，是一个被爱与甜蜜填满的日子，是我亲爱的弟弟 ×× 先生和美丽的 ×× 女士喜结百年之好的大喜之日。这是一场爱的盛宴，是心灵交融的神圣时刻。我承蒙新郎和新娘的信任，担任他们的证婚人，感到无比荣幸和喜悦。

新郎 ×× 先生，他英俊潇洒、风流倜傥，内在更是熠熠生辉。沉稳踏实是他的底色，正直善良是他的人生信条。在工作和业务上，他始终勤勤恳恳、兢兢业业。就是这样一位品貌双全、才华出众的人，在今天这个特殊的日子里，成为新娘一生的依靠。

在这隆重而庄严的婚礼上，我怀着无比激动的心情，向两位新人献上最诚挚、最深切的祝愿。希望在今后的岁月里，每一个清晨都是爱的开始，每一个黄昏都是情的延续，愿你们的生活处处都洒满阳光。让我们共同举杯，为他们即将开启美好的生活而干杯吧！

2. 新娘姐姐祝酒词

【宴会名称】结婚典礼

【参加人】新人、亲朋好友、同事

【祝酒人】新娘姐姐

尊敬的女士们、先生们，亲爱的朋友们：

莲开并蒂，影摇池上鸳鸯；缕结同心，日丽屏间孔雀。今天是我妹妹 ×× 和妹夫 ×× 的大喜之日，我代表家人祝福这对新人，也感谢各位前来道贺。

婚姻是幸福的殿堂，也要面对生活的考验。在婚姻中，男女双方都需要包容彼此的缺点。爱情似空中楼阁，婚姻则要脚踏实地，既有真实的生活，也有真切的感动。婚后，女孩儿会从一个娇羞的新娘变为精打细算的主妇，从小鸟依人成为丈夫的坚强后盾。爱情的梦幻色彩终将褪色，婚姻却开启了谱写更加动人生活乐章的新篇章。

亲爱的妹妹、妹夫，婚姻是一场需要改变的旅程，这种改变是为了让生活更美好。婚后虽不如单身时自由，但只要用心体会，就能发现幸福真谛。姐姐衷心祝你们新婚快乐、幸福长久。让我们共同举杯，为新人甜蜜长久的婚姻，为大家的健康和幸福，一起干杯！

第四节　朋友祝酒词

新人的朋友既有知己好友、昔日同窗，也有相处甚欢的同事和并肩作战的战友。作为朋友，他们的婚宴祝酒词总是别具一格、充满趣味。他们可以分享新郎、新娘恋爱中的甜蜜点滴，比如初次约会的紧张与期待，也可以回忆新人过去的趣闻轶事。

那些令人捧腹的瞬间常常能点燃全场的热情，使婚礼氛围更加轻松欢快，洋溢着欢乐与温馨。

1. 同学祝酒词

【宴会名称】结婚典礼

【参加人】新人、亲朋好友

【祝酒人】新郎大学同学

尊敬的女士们、先生们，亲爱的朋友们：

大家好！今天是××先生和××女士喜结百年之好的大喜日子。作为新郎的同窗好友，此时此刻，我感到无比激动与兴奋。在这里，我首先祝贺两位新人新婚快乐。同时，谨让我代表新郎、新娘和他们的家人，向在座的各位亲朋好友表示最热烈的欢迎和最衷心的感谢！

昔日的同窗好友，终于迎来大喜之日。时光飞逝，一转眼，几年前还睡上下铺的兄弟已经走入了人生的另一个阶段。回想当年，我们一同读文章、写论文，一同逃课、一起出游，在四年的大学生活中建立了深厚的情谊。

在此，我想要对新郎××和新娘××说一声：祝你们的爱情天长地久，幸福到永远。新郎和新娘有着深厚的情感基础，如今他们共同创业，必定能够在不远的将来撑起一片蓝天。愿他们在漫漫人生路上相依相伴，相濡以沫，休戚与共，风雨同舟。

最后，让我们共同举杯，祝贺新郎和新娘新婚快乐、幸福美满、白头偕老，也祝在座的各位亲朋好友幸福安康。干杯！

2. 朋友祝酒词

【宴会名称】婚宴

【参加人】新人及双方亲友、嘉宾

【祝酒人】新郎朋友

尊敬的各位朋友、各位来宾：

大家好！今天是 ×× 大喜的日子，是一个令人欣喜的时刻。说起来，×× 和我之间的缘分可真是深似海。

从懵懂无知的孩童时期开始，一直到

现在，我们一路相伴。我们不仅是同窗共读的同学，还是并肩作战的同事，更是多年的舍友。每次同学聚会，只要谈到婚姻问题，×× 总会拍着胸脯说自己肯定会是最晚结婚的那个人。可命运就是这么奇妙，如今他成了我们中第一个踏进结婚殿堂的幸福之人。

从他俩确认恋爱关系，我就觉得他们是天造地设的一对。后来，我们一起去看电影，他们时不时附耳说话，那甜蜜的氛围真是令人羡慕。哦，对了，×× 女士——现在应该称呼为 × 太太了，我要向你坦诚地公开 ×× 先生的一个坏习惯：他晚上特别爱熬夜。不过，不可否认的是，他真的十分优秀。如果你能帮 ×× 兄改掉这个坏习惯，你的功劳可就太大啦！

最后，让我把最真挚的祝福送给两位。愿你们永远健康、幸福，希望你们的生活绚丽多彩，每一天都充满甜蜜和欢笑。让我们一起为他们干杯吧！

第三章　聚会，开怀畅饮话友谊

聚会是一种常见的社交方式：家庭聚会是亲情凝聚的温馨时刻，朋友聚会能让人们再次沉浸于昔日的欢乐时光中，师生聚会饱含着学生对老师的敬重与感恩，同乡聚会能让漂泊游子的心灵感到慰藉。在这种轻松愉快的情境下，祝酒词无须拘泥于形式。它可以是轻松幽默的调侃，也可以是温馨感人的回忆。自由随性是其灵魂所在，关键在于要把藏于心底的那些真挚情感毫无保留地抒发出来。

第一节　家庭聚会祝酒词

家庭聚会是家人之间情感交流的盛宴，也是亲情之花绽放的时刻。家庭聚会上的祝酒词势必饱含对家人的爱与关怀，它具有四大特点：一是情感真挚，体现家人间的深情；二是语句轻松，常有幽默的表达；三是内容亲切，围绕家庭点滴；四是简洁随意，可以简单明了地表达祝福。无论是长辈对晚辈的期望还是晚辈对长辈的祝福，都能够让家庭氛围更和睦、更融洽。

1. 家庭聚会祝酒词

【宴会名称】家庭聚会

【参加人】父母、其他长辈、兄弟姐妹

【祝酒人】哥哥

敬爱的长辈们，亲爱的兄弟姐妹们：

晚上好！在这充满希望与憧憬的辞旧迎新之际，团圆的氛围如同璀璨的烟火，照亮了我们每一个人的心。我怀着感恩之情，谨代表家中晚辈，向在座的各位长辈表达深切的感谢和诚挚的祝福。

回首过往，生命的旅途就像一条曲折的长河，长辈就是那屹立在河畔的坚固灯塔。每当我们在风浪中疲惫不堪时，是你们用温暖的双手扶持我们，用柔和的话语安慰我们，让我们在爱的港湾安心停靠。当我们遇到困难而想要放弃时，你们激励如同冲锋的号角，给予我们重新出发的力量；当我们因些许成就而沾沾自喜时，又是你们让我们懂得了淡然之美，理解了知足常乐的真谛。

成长路上，感谢你们的陪伴，让我们走过了每一个平凡又美好的日夜。在新的一年里，让我们共同举杯，为长辈的幸福安康，为美好的新年干一杯吧！

2. 家庭聚会祝酒词

【宴会名称】家庭聚会

【参加人】父母、子女

【祝酒人】爸爸

亲爱的孩子们：

晚上好！值此明月高悬、张灯结彩的良辰佳节，我们一家人得以相聚，实在是天赐的幸福。这份温馨与欢愉，仿佛将整个世界都渲染得格外甜美动人，让人心中溢满了无尽的感动与幸福。

人生就像一场马拉松，路途上充满了未知与挑战。只有在每个阶段给自己制定一个清晰的目标，才能顺利抵达终点。如果没有目标，每天无所事事，最终只能是竹篮打水一场空。爸爸满心期盼着你们在未来的日子里，能够以更加饱满的热情与昂扬的斗志去努力地生活和工作。你们都是我的好孩子，看着你们一天天成长，我为你们感到自豪。

但是，孩子们，无论你们在外面经历了多少挫折，都一定要记住，家永远是你们最温暖的港湾，这里永远有翘首盼望你们回来的父母。当你们在外面为了梦想拼搏，感觉到身心疲惫时，可以常回家看看。家庭的温暖会给你们注入新的能量和勇气，让你们重新振作，再次出发。

今晚，让我们共同举起手中的酒杯，

庆祝新年的来临。在这里，我要为我们这个家献上最真诚的祝福：祝年轻的你们在新的一年中如展翅雄鹰，取得满意的成绩！干杯！

第二节　朋友聚会祝酒词

在忙碌的日常生活中，朋友聚会就像一片情感的港湾，能为心灵提供温暖的停靠。在这里，我们可以分享生活中的酸甜苦辣，拉近彼此的距离，增进理解与信任，让友谊的纽带更加牢固；也可以暂时放下工作的压力和生活的烦恼，尽情欢笑，畅所欲言，感受轻松愉快的氛围，让紧张的情绪得以舒缓。此刻，祝酒词承载着满满的祝福，通过酒杯的碰撞，传递真挚的情谊，让友情在这欢聚中变得中更加深厚与珍贵。

1. 朋友聚会祝酒词

【宴会名称】朋友聚会

【参加人】朋友、嘉宾

【祝酒人】主持人

尊敬的女士们、先生们，亲爱的朋友们：

大家晚上好！在这举国欢庆之时，我们车友族首次团聚。我代表管理人员向大家致以问候和祝愿，感谢各位能够抽出宝贵的时间来到这里。

这次的聚会意义非凡，我们要更加珍惜。大家可以叙旧话新，谈工作、谈事业、谈家庭，增进相互的认识，让这次聚会圆满成功。聚会能加深友谊，使我们互相扶持彼此鼓励，让人生之路更美好。虽然短暂的相聚可以了却一时的惦念，却无法消除一生的思念，这就是朋友间深厚的情谊。

愿此次聚会能够成为永恒的风景，铭刻在我们的记忆里，愿我们的友情如钻石般永久。在未来的日子里，只要我们经常保持联系，心就不会分离，人生就不会孤寂。我们要像珍惜生命健康一样，珍惜我们之间的友情。

最后，祝愿车友族的全体成员家庭幸福、事业发达、身体安康！为我们地久天长的友谊，也为明天的再次相聚，干杯！

2. 同学聚会祝酒词

【宴会名称】同学聚会

【参加人】高中同学

【祝酒人】主持人

各位同学：

时光飞驰，岁月如梭。回首间，毕业已有十六年了。今天，我们终于在这里相聚，圆了大家的相聚梦。在这里，要特别感谢发起这次聚会的同学，是他为我们搭起了这座重逢的桥梁。

遥想当年，同窗三载，那是一段多么美好的时光啊！我们情同手足，教室里的朗朗书声、操场上的奔跑嬉戏、课间的欢声笑语，一幕又一幕，如同发生在昨日一样，清晰地浮现在我们的脑海里。今天，让我们轻轻打开那珍藏了十六年的记忆宝盒，敞开封闭了十六年的心扉，尽情地说吧、笑吧。回忆起当年的时光，总是让人忍不住会心一笑。那些年少时的欢声笑语、无忧无虑的日子仿佛就在眼前。谈及那花样年华里，少男少女心中青涩而朦胧的情感，是如此单纯又美好，成为青春岁月中难以忘怀的记忆。

看啊，窗外满天飞雪，屋内却暖流融

融，弥漫着久别重逢的喜悦。愿我们的同学之情永远像今天大厅里的气氛一样，炽热得如同燃烧的火焰，真诚得像澄澈的天空；也愿这份情谊永远像窗外的白雪一样，晶莹剔透。

现在，让我们共同举起手中的酒杯，为了十六年来绵绵不绝的思念，为了今天来之不易的相聚，一起干杯吧！

第三节　师生聚会祝酒词

师生聚会是一项温馨且极具意义的活动。那是满含敬意的相聚，充满了学生对老师辛勤耕耘的感恩之情；那也是温情之所在，承载着我们对校园美好岁月的深深眷恋。这种聚会意义重大，能瞬间拉近师生之间的距离，更能唤醒昔日的课堂记忆。

在祝酒词中，既有老师的谆谆教诲，也有学生的茁壮成长。

1. 师生聚会祝酒词

【宴会名称】师生聚会

【参加人】高中同学、老师

【祝酒人】学生代表

亲爱的老师们、同学们：

十五年前，我们怀着同样的梦想和憧憬相聚在 ×× 高中。在学校的三年，我们如同生活在一个温暖的大家庭里，度过了人生中最美好的时光。为了让我们能够健康成长，班主任和任课老师操碎了心。

今天，我们特意邀请他们来参加这次

聚会，对他们的到来，让我们表示热烈的欢迎和衷心的感谢。时光荏苒，日月如梭。转眼间十五个春秋过去了。当年青春洋溢的我们，如今已经步入了为人父、为人母的行列。

同学们在各自的岗位上无私奉献、辛勤耕耘，都已成长为社会各个领域的中坚力量。但无论人生浮沉还是贫穷富贵，同学间的友情始终是淳朴真挚的，就像我们桌上的美酒一样，时间越久就越醇香越浓厚。

来吧，同学们！让我们和老师一起，重拾当年的美好回忆，重温那段快乐时光，畅叙无尽的师生之情、学友之谊。现在，让我们为永生难忘的“师生深情”，为同学间淳朴真挚的友谊，干杯！

2. 师生聚会祝酒词

【宴会名称】师生聚会

【参加人】大学同学、老师

【祝酒人】学生代表

各位老师、同学们：

大家好！今天是个值得庆贺、令人难忘的好日子！我们的师生从四面八方赶来，带着阔别十六年的悠远情思团聚在一起。在此，我代表××系××班全体同学，向抽出时间参加本次聚会的老师和同学表示衷心的感谢！

十六年前，我们挥别难忘的大学生活，各奔东西，从此天各一方。十六年后，我们怀揣着一颗激动的心，为了缅怀曾经共同生活的时光，我们欢聚一堂。虽时过境迁、物是人非，但我们的师生情意依旧，我们的同学友谊如常。

十六年前，我们在母校留下了成长的足迹，同窗共读，接受恩师教诲。毕业后，我们融入社会，历经风雨彩虹，尽管生活轨迹交错、彼此疏远，但心灵相通、关爱常在。我们一直彼此守望、默默牵挂，期盼重逢。

十六年过去了，我们的心愿汇聚成一个共同声音：十六年后再相会。今天，我们终于实现了这个愿望：重逢重温岁月，见证彼此变化。相逢虽短暂，却格外珍贵。让我们一同回忆昨日的美好，珍惜今日的团聚，畅想未来的蓝图，互相激励，共同迎接更加精彩的人生旅程。

今晚，我们有幸在此共同举杯，为我们的重逢干杯！

第四节　同乡聚会祝酒词

同乡聚会，能让漂泊之人的心灵得到慰藉。当我们远离故土去陌生之地打拼时，同乡就像冬日的暖阳，带来一种熟悉又温暖的感觉。在这欢聚时刻，祝酒词显得至关重要。它是坚固的情感纽带，带着浓浓乡音的亲切韵味，能唤起我们关于家乡的共同记忆。在这份共鸣中，我们能感受到家的归属感，仿佛瞬间拉近了彼此的距离，化作温暖的力量，支撑我们继续前行。

1. 同乡聚会祝酒词

【宴会名称】同乡聚会

【参加人】同乡、嘉宾

【祝酒人】主持人

各位同乡、各位来宾：

大家晚上好！在这样一个令人心醉的时刻，大家满怀着对故土的眷恋之情，从四面八方赶来，相聚在这一方天地，共同诉说着心中的话语。在此，我谨代表家乡所有的父老乡亲，对每一位同乡的到来表示最为衷心的感谢！

古人云："参天之树，必有其根；怀山之水，必有其源。"我们都来自同一个地方，那里是我们生命的根源。虽然各位长久地居住在异地，但心中无时无刻不在挂念着家乡！大家就像在远方的守护者，时刻为家乡祝福；家乡也因为有你们的鼎力相助，在发展的道路上越走越快，愈加富裕安康。

"有缘千里来相会。"今晚，是那同一片乡土拉近了我们彼此之间的距离，让这里变成了充满家的温暖的世界，变成了洋溢着浓浓亲情的海洋。今晚，那一句句熟悉的乡音，将我们的心紧紧融合在一起，使这里欢声笑语此起彼伏。

此刻，我怀着无比激动的心情提议：让我们共同举杯，祝各位在他乡事业发达、蒸蒸日上，家乡如巨龙腾飞、繁荣昌盛。干杯！

2. 同乡聚会祝酒词

【宴会名称】同乡聚会

【参加人】同乡、嘉宾

【祝酒人】主持人

亲爱的老乡们，尊敬的来宾们：

大家好！在这金风送爽、秋色宜人的美好时节，我们这些在××拼搏奋斗的××老乡，跨越城市的喧嚣与忙碌，如同归巢的鸟儿般相聚在此。我们要特别感谢聚会组织者××，是他不辞辛劳地付出，才让这次聚会得以实现。同时，也向每一位老乡送上最真诚的祝福。

“独在异乡为异客，每逢佳节倍思亲。”但是现在，我们欢聚在一起，即使身在他乡，也不会感到孤寂。只要我们真诚地对待彼此，相信我们之间的情感会日益深厚。今天，我们在这里欢聚一堂，我提议：为我们这次的相聚和来日的重逢热烈鼓掌！

今夜星光熠熠，注定是一个难以忘怀的不眠之夜！在这样的夜晚，我们追忆着家乡父老的深情厚谊，怀念那段被培育和守护的岁月，同时也满怀期待，为明天的腾飞蓄力。那璀璨的星光仿佛跨越了时空，诉说着对浩瀚星河的深深眷恋……这杯酒绝非陈年佳酿，更谈不上玉液琼浆，但它饱含着我们全体同乡的情意，喝一口下去，就会感到家乡的温暖、芳香！

来，让我们共同举起这杯饱含千言万语的酒：祝大家家庭美满，爱情甜蜜，事业成功，前程似锦！愿我们的友谊地久天长！干杯！

第四章　生日，福寿绵延一万年

生日酒，承载着人们的美好愿望。在中国，生日一直备受人们的珍视，它是岁月的礼赞。长辈的寿宴，是晚辈敬意的深刻体现；孩子的满月、周岁宴，则蕴含着家庭成员对其未来的殷切期望。生日聚会不仅是亲情交流的温馨时刻，更是对寿星送上祝福的特别时刻。在祝酒时，要根据不同的对象恰如其分地表达心意：对于年长的寿星，我们祝愿他们健康长寿、岁月如歌；对于年幼的寿星，我们则期盼他们健康成长、前程似锦。

第一节　长辈生日祝酒词

给长辈过寿，是家庭中最隆重的大事。作为晚辈，在为长辈撰写祝酒词时，需时刻谨记自己的身份，措辞要谨慎得体，字里行间应充满对长辈的敬重与祝福。不仅如此，还应提及长辈给予我们的关爱，或是展现长辈自身的品德。比如，在父母过生日时，子女作为祝酒人，既要表达出听从长辈的孝顺的心意，也要饱含希望长辈健康长寿的美好心愿。

1. 爷爷寿辰祝酒词

【宴会名称】爷爷七十岁生日宴会

【参加人】爷爷、亲朋好友

【祝酒人】家孙

各位亲友、来宾：

大家下午好！在这温馨又特别的日子里，大家能够抽出时间专程前来为我爷爷祝寿，这一份深情厚谊，让我们全家人都深受感动。在这里，我怀着无比感激的心情，代表家中的每一位后辈，向各位亲友表示最热烈的欢迎和最衷心的感谢！

常言说："人生七十古来稀，九十高寿是福气。"我的爷爷是一位心地善良的老人，他一生与人为善，始终将帮助他人视为己任，扶贫济困。对于那些身处困境的人，他总是伸出援手。对待四邻，他也友好亲切，如同亲人一般。在家庭生活中，他更是尊老爱幼的典范，重视亲情，珍惜友情。在他的言传身教下，我们家族形成了良好的家风。

今天，在这共同庆祝爷爷七十大寿的美好时刻，各位亲友从祖国各地奔赴而来，亲自到场祝贺，那一张张笑脸，满载着对爷爷的敬爱。因各种原因无法亲临的亲友，有的用心写下饱含深情的信件，有的特意打来电话，传递他们真诚的祝福……

此时此刻，我代表全家人，衷心地恭祝各位亲友诸事大吉大利，生活就像蜜一样香甜！为了庆贺爷爷七十大寿，为了我们的亲情和友情更加深厚，让我们共同举杯畅饮美酒吧！

2. 外公寿辰祝酒词

【宴会名称】外公六十六岁生日宴会

【参加人】外公、亲朋好友

【祝酒人】外孙

尊敬的各位长辈、各位来宾：

大家好！今天我们欢聚一堂，共同庆

祝我敬爱的外公六十六岁大寿。在此，请允许我代表我的家人，向在座各位亲友的到来致以衷心的感谢和无上的敬意！

在这特殊的时刻，我的心中充满无尽的感慨。六十六年，对一个人来说，已是一段历经风雨的旅程，但对我的外公来说，更是一段充满智慧、爱与奉献的岁月。

外公，您是我们家的中流砥柱，一生辛勤耕耘、默默奉献，不仅给我们树立了榜样，更用行动教会了我们什么是责任与担当。您的睿智、您的幽默、您的宽厚，总能让我们在困惑时找到方向，在疲惫时找到力量。

今天，我们在这里，不光是为您的生

日而庆祝，更是在感恩您一路走来给予我们的无私关爱和指导。感谢您为家人付出的所有，感谢您为我们营造的温暖家园，感谢您为我们展示的坚韧与勇气。

在此，我代表全家人，举杯祝福：愿外公身体健康，岁月温柔；愿您的每一个明天，都比今天更加充满阳光与笑容。我们会永远珍惜与您共度的时光，也会在未来的日子里，继续传承您的智慧与精神。

各位亲朋，让我们一起举杯，祝贺外公的六十六岁生日，愿他生日快乐、健康长寿，愿他的晚年时光充满幸福与安宁！

干杯！

3. 父亲生日祝酒词

【宴会名称】父亲五十五岁生日宴会

【参加人】父亲、亲朋好友

【祝酒人】儿子

尊敬的各位来宾、各位亲朋好友：

晚上好！在这温馨满溢的夜晚，我们怀着无比喜悦的心情相聚于此，共同庆祝家父五十五岁生日。在此，我代表我的家人向每一位前来参加生日宴的朋友，表达最热烈的欢迎和最衷心的感谢！

我们知道，树木之所以能够长得繁茂参天，是因为土地的无私养育。我作为儿子，能有今天的成长，都归功于父母多年来不辞辛劳的付出。特别是父亲的付出，让我深切地体会到了什么是无私奉献的爱。在这里，请让我深情地对父亲说一声：谢谢！

五十五岁，对父亲而言，是生命的秋天。这个阶段的人生，有着枫叶一般绚丽迷人的色彩。在父母亲含辛茹苦的养育和关怀下，儿女们都已经成家立业。对于我来说，这世间最大的幸福，莫过于拥有父母的爱。

今天，我们欢聚一堂，为父亲庆祝这意义非凡的五十五岁寿辰。这是他人生路上一个重要的里程碑，他将用丰富的阅历为精彩人生书写新的华章。在今后的日子里，愿父亲与母亲的感情如美酒一般，随着岁月的流转越来越醇厚！

最后，我也要祝在场的各位亲朋好友万事如意，合家欢乐。希望大家在这个难忘的夜晚，能够开怀畅饮，共享这份欢乐与温馨。让我们一起铭记这个美好的时刻，一起干杯吧！

4. 母亲生日祝酒词

【宴会名称】母亲五十岁生日宴会

【参加人】母亲、亲朋好友

【祝酒人】儿子

尊敬的各位长辈、各位亲朋好友：

大家晚上好！春秋更迭交替，岁月如轮滚滚，在这新春的气息渐浓之际，我们满怀着喜悦与感恩，迎来了母亲五十岁生日。今天，我们在此欢聚一堂，共同为母亲举行这意义非凡的五十岁生日庆典。

在这里，我怀着满腔的热忱，代表全家人，向每一位前来参加母亲寿诞的长辈和亲朋好友，表示最热烈的欢迎和最诚挚的感谢！感谢你们多年来一直对我们家人关心备至、默默支持，是你们的存在，让我们的生活更加温暖。

在岁月的长河中，母亲以宽厚待人的处世之道，广结善缘，赢得了众人的尊重。父母亲为了我们和我们的后代，一直任劳任怨、无私奉献，他们用自己的心血浇灌着家庭之花。在这个喜庆的日子里，我代表全家向劳苦功高的父母亲道一声感谢：感谢二老的养育之恩！

我深信，在我们兄弟姐妹的齐心协力下，我们的家庭会永远和和睦睦。在这美好的时刻，请各位开怀畅饮，一起沉浸在这难忘的夜晚。让我们共同举杯祝福母亲生日快乐！

第二节　同辈生日祝酒词

与长辈生日不同的是，同辈生日无须那些刻板的繁文缛节。回首往昔岁月，不管是狂风暴雨还是晴空万里，我们都一起笑着面对，共同沐浴那暖人心扉的阳光。无论是朋友、同学还是多年未见的战友，他们身上所展现出的真诚、乐观和才华，都让彼此之间的珍贵友谊更加深厚。同辈之间的祝酒词可以营造出轻松愉快的氛围，符合相处的随意性。

1. 朋友生日祝酒词

【宴会名称】朋友生日宴会

【参加人】寿星、好友

【祝酒人】挚友

亲爱的朋友们：

大家晚上好！在这繁星闪烁、如梦似幻的夜晚，熟悉且优美的旋律在空中飘荡，引领着我们迎来了 ×× 的生日。在这里，我满怀着激动与喜悦，谨代表各位好友，向 ×× 送上最诚挚的祝福：生日快乐，笑口常开！

朋友，是我们生命中不可或缺的璀璨明珠。拥有了朋友，就如同在黑暗中点亮了明灯，让我们从此远离寂寞的阴霾。朋友是什么？朋友是春日里的一丝微风，它带着希望和温暖，轻轻吹开了我们心中的郁闷；朋友是夏雨中的一把雨伞，为我们遮蔽风雨的侵袭；朋友是秋季里的一杯美酒，为我们增添了更多的欢乐；朋友是冬季里的一盏热茶，在寒冷的日子里给予我们温暖。无论何时何地，朋友始终与我们相伴，让我们永远不会孤单、不会寂寞，就像在黑夜中找到了同行的伙伴。

今晚，这温馨的聚会充满了浓浓的情

意。每一个微笑、每一次拥抱、每一句祝福，都像是璀璨的星光，镶嵌在我们记忆的天空。相信在座的每一位朋友都会将这难忘的一刻深深地铭刻在心中，如同珍宝般永远珍藏。

朋友们！让我们端起芬芳醉人的美酒，为 ×× 祝福！祝他事业蒸蒸日上，身体健康强壮，家庭幸福美满，生活开心快乐！愿我们的友谊长存。干杯！

2. 同学生日祝酒词

【宴会名称】同学生日晚宴

【参加人】寿星、老师、同学

【祝酒人】同学代表

亲爱的老师、同学们：

大家好！今天我们欢聚一堂，共同祝贺××同学××岁生日。首先，请允许我代表他和家人向远道而来的老师、同学们表示热烈的欢迎和真诚的感谢。

这一天，对于你来说意义非凡，世界因你而更加多彩。在这个特别的日子里，让我们衷心地说一声：谢谢你给我们带来那么多的欢乐，谢谢你对老师、同学、朋友的一片真心。花瓣飘香，细雨寄情，在这花雨的季节里，我们衷心地祝福你梦想成真。

今晚，注定是一个欢呼的夜晚，也是个不眠的夜晚。同学、朋友的祝福像小花盛开在美好的季节，点缀你的佳节，编织你快乐的生活。在这里，我们要把祝福化为文采飞扬的诗句、动人的歌曲、温馨的心灵绿地。让美丽的夜色陪伴你，也让温馨的祝福温暖你。

让我们共同举杯，在这灯光闪烁的夜里，深深地祝福寿星——我们的同学××开心快乐，笑口常开。借着这美丽的鲜花、闪烁的烛光，我们祝你：生日快乐，学业有成。同时，我也衷心地祝愿在座的各位家庭美满、幸福平安！谢谢大家！

3. 战友生日祝酒词

【宴会名称】战友生日宴会

【参加人】寿星、亲朋好友

【祝酒人】战友代表

尊敬的各位来宾，亲爱的战友们、朋友们：

大家晚上好！今天是××同志六十岁生日，为此我们欢聚一堂。我代表全体战友祝他寿诞快乐、万事如意。

××同志是我们的好战友、好榜样。他严于律己、亲切待人。在漫长的军旅生涯中，他像大哥哥般关心爱护我们，让我们感受到了家的温馨。训练时，他耐心指导；生活中，他嘘寒问暖。他让我们这些远离家乡的战士们，在艰苦的军旅环境中感受到了家一般的温暖。遥想当年，我们怀揣着对祖国的热爱，从五湖四海汇聚到一起，并肩作战，建立了深厚的情谊，同生死、共患难，为维护祖国的和平安宁努力拼搏。战友之情最为深厚，我们患难与共，共同经历了激情燃烧的岁月。很多年过去了，虽然我们各自奔忙、聚少离多，但今天借生日之机相聚，我们可以重温情谊。

在你迎来六十岁寿辰之际，我还想对你说：身体是革命的本钱，健康是享受真正幸福的第一要素，请你放下心中的包袱，开开心心地去面对生活的每一天。你能身体健康是所有关心你爱护你的人最大的心愿。

最后，我再次代表各位战友，祝你福如东海长流水、寿比南山不老松！一起干杯吧！

第三节　宝宝生日祝酒词

宝宝的生日或满月纪念常伴有纯粹而温暖之感。宝宝的每一声欢笑、每一个小动作，都是生命绽放的最美姿态。在这个特别的时刻，简单的祝福中充满了爱。祝酒词里没有复杂的情感纠葛，只有对新生命的祝福和期待。看到宝宝，就像看到了希望的种子正茁壮成长。父母将宝宝视若珍宝，在生日时精心筹备生日宴的每一个细节，因为这是他们对孩子爱的见证。

1. 宝宝满月母亲祝酒词

【宴会名称】满月酒宴

【参加人】宝宝及其父母、亲朋好友

【祝酒人】母亲

各位来宾、各位亲友：

今天是我家宝宝满月的日子，承蒙各位亲爱的长辈、亲朋好友在百忙之中前来道贺。在此，请允许我代表尚在襁褓中的宝宝和全家人，向到来的每一位亲朋好友表示最热烈的欢迎和最诚挚的谢意。

一个月前，伴随着一阵阵清脆响亮的啼哭声，粉雕玉琢般的宝宝像天使一样来到了这个世界。从那一刻起，我正式担任了母亲这一伟大的角色。在此之前，我曾无数次想象成为母亲的感觉，内心充满了对那份幸福生活的无限憧憬。

如今我成为母亲，有了责任和情感依托，怀抱宝宝就像拥有全世界，幸福感超强。我这个新手妈妈每天手忙脚乱，喂奶、换尿布等事繁琐非常，但这是必经之路。宝宝睡着时，我常遐想他长大后大口吃饭、对我说“妈妈我爱你”的样子，那一定很幸福。看着孩子成长，分享其中的点滴快乐是母亲最大的期待。

今天，我家宝宝满月。这一个月来，孩子的每一个表情、每一次呼吸都如同阳光照进我的生命里。我衷心祝愿我的孩子能够健健康康、快快乐乐地长大，也希望在座的每一位亲朋好友家庭美满、幸福安康。来，让我们共同举杯，为宝宝的健康成长干杯！

2. 宝宝周岁父亲祝酒词

【宴会名称】周岁宴

【参加人】小宝宝及父母、亲友

【祝酒人】父亲

尊敬的各位来宾，亲朋好友们：

大家好！今天是一个阳光明媚、吉祥

如意的好日子。此时此刻，我的内心无比激动和开心。今天，我们全家迎来了共同的至爱——我们亲爱的小宝宝的周岁纪念日。为了表达此时的情感，我要向各位行三鞠躬礼。

一鞠躬，感谢大家能亲临寒舍和我们分享这份喜悦。

二鞠躬，我要感谢我的父母，还有岳父、岳母。所谓养儿方知父母恩，父母恩比山重、比海深！××今天刚满一周岁，在过去的一年中，我和妻子尝到了初为人父、初为人母的幸福与自豪，也真正体会到了养育儿女有多么不易。今天借这个机会向四位老人深情地说声：你们辛苦了！

衷心地祝你们健康长寿！

三鞠躬，我还要对在座的各位朋友表示感谢。在过去的日子里，你们曾给予我许许多多无私的帮助，让我感到无比温暖。在此，我谨代表全家向在座的各位亲朋好友表示万分感激！

今天是宝宝一周岁的生日，在这里，我非常高兴地祝福我的孩子健康快乐地成长。希望在未来的日子里，她能够一步一个脚印地走好生命的每一步。请让我们共同举杯，为可爱的宝宝，也为在座各位的幸福安康，一起干杯吧！

3. 双胞胎满月长辈祝酒词

【宴会名称】满月酒会

【参加人】宝宝及其父母、亲朋好友

【祝酒人】爷爷

尊敬的各位来宾、各位朋友，女士们、先生们：

大家好！今天是我孙子满月的日子，感谢你们能在百忙中前来参加满月宴。在此，我代表全家向各位亲朋好友表示热烈的欢迎和诚挚的谢意。

我和老伴一直都满心期盼着有一天能抱上孙子。在我们心中，孩子就是家庭的开心果，是家庭未来的希望。没想到，我年逾古稀，竟得到了上天的眷顾，有了两个可爱至极的孙子，真是人生无憾。

一个月前，两个如同小天使般的宝贝

降临世间，我们的生活自此发生了改变。他们的一举一动都紧紧牵动着我们的心。一家老小整日围着他们团团转，喂奶、换尿布、哄睡，忙得不可开交。虽然时常忙得团团转，但每个人都乐在其中。我们在满心欢喜之余，也深深地感受到了责任的重大。我们会尽心尽力地培养他们，呵护他们茁壮成长。

最后，我衷心感谢大家对小宝贝的关爱！您的关心与祝福，给我们这个家庭增添了无限的温暖和感动。在这里，祝各位工作顺利、家庭幸福，同时也祝愿我们的小宝贝健健康康、快快乐乐！让我们共同举杯，为小宝贝的茁壮成长，也为我们大家的幸福美满，干杯！

第四节 其他人生日祝酒词

生日，是生命长河中耀眼的浪花，承载着岁月赋予的无尽美好。同事，是与我们并肩作战的亲密伙伴，在那些一起为梦想拼搏的日子里，彼此的鼓励可以让平凡的时光熠熠生辉。恩师，是我们人生路上永不熄灭的明灯，他们用无尽的智慧和深沉的爱心，为我们照亮前行的方向。为他们庆祝生日，如同温暖的灯塔指引我们相聚。

1. 同事生日祝酒词

【宴会名称】同事生日宴会

【参加人】寿星、单位领导、亲朋好友、嘉宾

【祝酒人】同事代表

尊敬的各位来宾、各位朋友：

能参加××先生的生日庆典并献上这份祝福，我感到无比荣幸。在此，我代表××公司全体同人，向××先生送上最诚挚、最衷心的祝福。同时，热烈欢迎各

位嘉宾的到来，并衷心感谢大家能在繁忙之中拨冗出席。

××是我们的同事，在工作中认真负责、精益求精，是团队的中坚力量。你在生活中幽默风趣、热心助人，是我们大家庭里不可或缺的一员。你的努力与才华，不仅为团队增光添彩，也为我们每个人树立了榜样。今天是你的生日，我们怀着感恩与喜悦，感谢你一路以来的付出与陪伴。

我和××的相识，是命运的馈赠。遥想当初，我们不过是擦肩而过的陌路人，后来成为同事，进而成为朋友。从相识，到如今拥有深厚的情谊，不知不觉已经有××年了。这段情谊无比珍贵，我真心希望我们能守住这份友谊。我愿成为他事业上的助力，为他排忧解难，让我们的友谊永远保持真诚坦然。

各位同事，朋友们！来，让我们端起芬芳醉人的美酒，共同祝愿××先生生日快乐，愿他在新的一年里身体健康，事业平步青云，生活日新月异。干杯！

2. 恩师寿辰祝酒词

【宴会名称】恩师生日宴会

【参加人】老师本人、同学

【祝酒人】学生代表

亲爱的××老师、同学们：

大家晚上好！

今天，我们高三二班的同学从四面八方齐聚于此，共度这个特别的时刻。我们怀着无比崇敬与感恩之情相聚一堂，为我们敬爱的恩师××庆贺寿辰。这里有久别重逢的欢笑，有回忆往昔的感慨。我们畅谈那些难忘的岁月，也彼此互勉在事业上勇往直前。此刻我激动万分，代表全体同学向老师道一声：您辛苦了！

回首过往，那些在校园里的日子依然历历在目。在课堂上，您激情澎湃地传授知识，那专注的眼神、生动的讲解，如同点点星光，照亮了我们求知的道路。在课后，您耐心地为我们答疑解惑，关心着每一个人的成长和喜怒哀乐。

如今，我们都已长大，但您的教诲始终如明灯一般，指引着我们在各自的人生道路上前行。今晚，我们在这里畅谈那些难忘的岁月，分享彼此的经历，也互勉在事业上不断腾飞。

此时此刻，我的内心无比激动和兴奋，我满怀着感恩之情，代表在场全体学生向××老师送上最诚挚的祝福：老师，您是我们永恒的明灯，祝您生日快乐，福寿安康！让我们举杯，为老师、为这份深厚情谊干杯！

第五章　送别，一路顺风伴你行

“劝君更尽一杯酒，西出阳关无故人”。在人们的情感世界中，送别之情有着举足轻重的地位。送别祝酒词涵盖两方面意思。其一，表达惜别之情。中国人自古重情重义，送别词中要倾诉自己的不舍，但需把控好情感尺度。其二，回顾交往过程。在这个过程中重温彼此的友谊，不仅能让双方的情感升温，还可以巧妙地烘托出离愁别绪。同时，语言要口语化，遣词造句自然得体，这样才能更好地传达情感。

第一节　亲人送别祝酒词

亲人送别，体现的是一种复杂的情感。每一次离别，都如同一个巨大的旋涡，将双方心底无尽的眷恋牵扯而出。送别酒，承载的不仅仅是香醇的酒液，更是亲人间血浓于水、无法割舍的亲情。在送别亲人时，人们会精心准备祝酒词。因为它是诚挚祝福的化身，也是浓浓不舍之情的深情凝聚，更是对远行之人平安顺遂的殷切祈愿。

1. 爱人送行祝酒词

【宴会名称】为爱人送别会

【参加人】夫妻、亲朋好友

【祝酒人】丈夫

亲爱的老婆大人，各位亲朋好友：

大家好！在此，我代表我的爱人感谢各位亲朋好友的到来，感谢你们带来的真情与祝福，这些话语会成为她前行的强大动力，助力她学业有成。

此情此景，我突然想起一首表达坚贞

爱情的诗："君当作磐石，妾当作蒲苇。蒲苇纫如丝，磐石无转移。"这是一位诗人为了表达对爱人忠贞不渝的爱而写的一首诗。现在，我把这首诗郑重地送给我的老婆大人！

我想对老婆说："有你时，你就是一切；没你时，一切都是你。"你要出国学习了，这是你辛苦争取到的学习机会，是你人生重要的挑战和工作的新起点。想到要分开 ×× 个月，我满心不舍，但再多的不舍也要化作默默支持。

老婆，你是最棒的，我愿成为你坚实的后盾。我坚信，你的实力与努力会让你梦想成真。同时，我希望你在异国他乡，能学习好、生活好、休息好；希望你每天睡的地方有永恒的温暖。那里有朋友真诚的祝福，无论天涯海角，我们永远都和你在一起！

最后，我要感谢所有到场的朋友。我提议，让我们共同举杯，为我们深厚的友谊干杯！希望我们的情谊永不褪色，也希望老婆在国外的日子一切顺利。期待她学成归来，我们大家再相聚。

2. 爱人送行祝酒词

【宴会名称】为爱人送别会

【参加人】夫妻、亲朋好友

【祝酒人】妻子

亲爱的老公，各位亲朋好友：

大家好！此刻我们相聚在这里，为我生命中最重要的人送行。感谢亲朋好友能在百忙之中赶来参加这次的送别会，你们的爱与关怀让我在伤感的时刻感受到满满的温暖。

老公，你马上就要开启新征程，我满心不舍。回首过往，那些欢笑与相伴如繁星照亮我的人生。这次出行是你事业发展的重要里程碑，承载着你的抱负与梦想。你就像一艘被吹鼓了帆的船，英姿飒爽地驶向远方未知的世界，去勇敢地迎接那重重挑战。

虽然我心中有万般的不舍，但更多的

是骄傲。一直以来，你都是那样努力、那样坚毅，为我遮风挡雨。在外面的日子，你或许会遇到困难，但家永远是你温馨的港湾，我会一直为你守候，做你最坚实的后盾。我坚信，凭借你的才华和能力，你一定能够达成目标，实现自己的理想。每一次挑战都是你成长的机遇，每一次困难都是你磨砺的契机。你的努力和付出不会白费，成功定会在前方等着你。

亲朋好友们，让我们把祝福融入这杯酒中，敬我勇敢追梦的老公，期待他载誉归来。干杯！

第二节　友人送别祝酒词

在送别友人的特殊时刻，不仅带着淡淡的哀愁与不舍，也蕴含着对未来的美好期许。我们手中的送别酒，就像一条情感的纽带，串起往昔的点滴与充满变数的前程。每一次碰杯，都是对友谊的珍视；每饮一口酒，都饱含着深深的祝福，化为友人前行的力量。在这样的场合下，送别祝酒词能更好地传达情感，温暖友人的心灵。

1. 朋友送行祝酒词

【宴会名称】为朋友送别会

【参加人】师兄弟、朋友

【祝酒人】朋友代表

各位朋友、各位兄弟：

今天，我们齐聚在此，为 ×× 送行。这杯酒，承载着我们满满的心意，每一滴酒都在诉说着我们的心声。回首往昔，那些一起度过的日子如同璀璨星辰，在记忆长河中闪耀。我们曾彻夜谈天说地，分享彼此的喜怒哀乐；我们也曾在困难时刻相互扶持，共同渡过一个个难关。每一个瞬间，都成为我们生命中最宝贵的财富。

如今，你即将踏上新的征程，向着未知出发。虽然我们心中有万般不舍，但更多的是对你的期待和祝福。新的旅程或许会有风浪，或许会有挑战，但你坚韧不拔的性格和积极向上的心态，就像明亮的灯塔，一定可以指引自己穿越黑暗，驶向光明。

这杯酒，敬你！愿你一路顺风，平安顺遂。愿你在新的环境中如鱼得水，实现自己的梦想。如果遇到挫折，不要气馁，要相信自己的能力，因为在我们心目中，你永远是最优秀的。希望你能时常想起我们这些朋友，想起曾经的欢笑和温暖。

我坚信，你一定能创造出属于你的新奇迹！现在，就让我们端起这杯酒，以哥们儿的豪爽，以手足的深情，干了这杯酒。让我们一起为你祝福，祝你乘风破浪行万里，一路顺风，万事顺心，前程似锦。干杯！

2. 同学送行祝酒词

【宴会名称】为同学送别会

【参加人】朋友、同学

【祝酒人】同学代表

亲爱的同学们：

大家好！今天，我们齐聚于此，为我

们亲爱的××同学送行，这是一场饱含深情的送别会。

时光如白驹过隙飞逝而去，但往昔的画面仍历历在目，仿佛就在昨日：课堂上偷偷传递的纸条，藏着我们的小秘密；操场上追逐打闹的身影，洒满了青春的阳光。那些日子如同璀璨的珍珠，串联起我们美好的回忆，处处洋溢着青春的活力。

如今，你即将踏上新的征程，我的心中满是不舍。这次远行，是你追逐梦想的勇敢一跃，你就像无畏的飞鸟，向着更高、更远的天际振翅而去。一直以来，你都是我们之中勇气与冲劲的代表，面对困难，你从不退缩，总是积极向前。

在远方，或许你会经历孤独的漫漫长夜，或许挫折会让你陷入暂时的迷茫，但不要害怕，同学之间的情谊是你永远的依靠。那些共度的时光，已将我们的心紧紧相连，如同坚韧的绳索无法割断。

亲爱的××，希望你在远方诸事顺遂，梦想成真。愿你在新环境中结交到挚友，但也不要忘记我们这些老同学。无论相隔多远，我们的祝福都与你同在。现在，我提议，让我们共同举杯，为××送上祝福，祝他一路平安！干杯！

第三节　升学饯行祝酒词

升学，是青春路上一座熠熠生辉的里程碑，它镌刻着学子无数个日夜的拼搏与挥洒的汗水，是梦想展开翅膀、向着更高天空翱翔的新起点。在意义非凡的饯行时刻，满是为学子成就而骄傲的喜悦。升学饯行祝酒词的意义重大，它是激励学子在知识殿堂勇往直前的号角，是对其过往努力的诚挚礼赞，更是对未来光明前程的殷切祈愿。

1. 朋友升学践行祝酒词

【宴会名称】朋友升学践行宴会

【参加人】家人、亲朋好友、各位来宾

【祝酒人】朋友代表

尊敬的各位来宾，女士们、先生们：

在这金秋送爽、锦橙飘香的日子，我们欢聚一堂，共同庆祝 ×× 以优异的成绩考入 ×× 大学。承蒙来宾关照，我首先代表 ×× 对各位来宾的到来，表示最热诚的欢迎和最衷心的感谢！

古人云人生有四大喜事：久旱逢甘露，他乡遇故知，洞房花烛夜，金榜题名时。今天，×× 达成了其中一项，成功迈出了人生的重要一步。朋友们，我们都明白十二年寒窗苦读付出的艰辛和努力。在激烈的高考竞技场上，×× 一路披荆斩棘，最终脱颖而出。此刻，他的心情是怎样的呢？大概正是意气风发，胸怀壮志，仿佛“春风得意马蹄疾，一日看尽长安花”。

此时此刻，我提议：

第一杯酒，为这位即将踏上新征程的英才饯行！×× 同学即将离开亲人和家乡，去迎接新的挑战，请接受我们共同的祝福：海阔凭鱼跃，天高任鸟飞。

第二杯酒，让我们共同祝愿××及家人幸福美满，一帆风顺、二龙腾飞、三阳开泰、四季平安、五福临门、六六大顺、七星高照、八方走运、九九同心。

第三杯酒，敬各位来宾。愿大家四季康宁，事事皆顺！无论生活还是事业，都能如心中所愿，蒸蒸日上。朋友们，让我们共同举杯，共享这欢乐温馨的时刻。干杯！

2. 同学升学践行祝酒词

【宴会名称】同学升学践行宴会

【参加人】家人、亲朋好友、各位来宾

【祝酒人】同学代表

亲爱的家人、亲朋好友，各位来宾：

大家好！今天我们相聚在这里，为××同学举行一场意义非凡的升学饯行宴。

首先，我要向××同学送上最热烈的祝贺！××，你真的太棒了！多年的辛勤努力，无数个日夜的埋头苦读，你就像一位坚韧的勇士，一路披荆斩棘，终于迎来了这胜利的时刻。你即将步入新的校园，开启人生新的篇章，那是充满希望与挑战的地方。

回首往昔，我们一起在校园里度过的时光依然历历在目。那些一起为考试发愁、一起讨论难题的日子，现在想来，都是无比珍贵的回忆。这些回忆如同璀璨的明珠，镶嵌在我们青春的画卷上，也见证了你为梦想付出的汗水和坚持。

在你升学之际，我们既为你高兴，又有许多不舍。你就像一只展翅欲飞的雄鹰，即将离开我们，飞向更广阔的天空。但我们知道，这是你成长的必经之路。

亲爱的同学，希望你在新的学校里继续绽放光彩。愿你能结交更多志同道合的朋友，遇到学识渊博的良师。希望你能享受知识的盛宴，勇敢地追逐自己的梦想。无论你走到哪里，我们都会在你身后，为你骄傲，为你加油。

现在，让我们共同举杯，为 ×× 的升学干杯！祝愿他前程似锦，未来可期！干杯！

第四节　老师送别学生祝酒词

在这意义非凡的饯行时刻，祝酒词是对学子最诚挚的祝福。它见证了学生在求知岁月里的点点滴滴，那些课堂上的专注、课间的欢笑都融于其中。酒里承载着老师的殷切期望，每一滴都似深情叮嘱，赋予学生迎难而上的勇气。它并不是普通的告别，而是知识传承的接力棒、情感延续的桥梁，有力地激励着学子向着梦想努力前行。

1. 老师送别学生祝酒词

【宴会名称】送别宴会

【参加人】老师、学生

【祝酒人】老师

亲爱的同学们：

今天，注定是一个令人难忘的日子，我们满怀着喜悦与不舍欢聚在此，只为给你们送上最真挚的祝福。

明日，你们就将告别承载了三年学习与生活时光的母校，带着憧憬与梦想，奔赴更高的学府继续深造。回首往昔，你们在这里的台阶上一步一个脚印地走过，每一次进步、每一次成长都历历在目。

我坚信，在不久的将来，每一位老师都会因为你们所取得的辉煌成绩而倍感骄傲。作为陪伴你们成长的语文老师，我想告诉大家，人生就像一场漫长的马拉松，胜利的关键在于拥有坚韧不拔的毅力。对于你们而言，人生真正的价值体现在不懈的努力。

在此，老师衷心地祝福你们：人生如金，珍贵无比，你们要懂得珍惜。珍惜每一寸光阴，那是你们成长的基石；珍惜青春的美好，那是你们最绚丽的色彩。只要你们坚持不懈地努力，人生就会如金子般熠熠生辉。

亲爱的同学们，现在让我们共同举杯。希望每一位同学都能像金子一样，无论身处何方，都能绽放出耀眼的光芒；也能像火焰一样，心中永远怀揣着热烈的激情。让我们一起为美好的未来，干杯吧！

2. 老师送别学生祝酒词

【宴会名称】送别宴会

【参加人】老师、学生

【祝酒人】老师

亲爱的同学们：

大家好！今天我们相聚在此，我的心

中满是感慨。

同学们，你们就像启航的船只，即将驶向各自人生的新旅程。看着你们青春洋溢的脸庞，我满心欣慰。在过去的日子里，我们一起度过了无数难忘的时光。课堂上你们求知若渴的眼神，操场上你们奔跑欢笑的身影，都深深地印在我的脑海里。

如今你们即将离开，去更广阔的天地里驰骋。在我眼中，你们每个人都是独一无二的星星，有着无限的潜力。有的同学勇敢且有冲劲，有的同学细腻而充满智慧，你们都有着美好的品质，这些将是你们未来最宝贵的财富。

在未来的日子里，你们会面临新的挑

战，但我对你们充满信心。因为在我心中，你们早已是坚强的战士。无论遇到什么困难都要记住，你们所学到的知识、积累的经验以及拥有的品德，都是有力的武器。未来的路上或许有风雨，但也有彩虹。希望你们能保持初心，追逐梦想。在追求成功的同时，更要成为一个有温度、有情怀的人。这杯酒，老师敬你们！希望你们一路顺风，学有所成。

最后，祝愿你们的人生如鲜花般绚烂多彩，无论走多远，都要记得这里有老师赠予你们的深深祝福。干杯！

第六章　节日，欢度佳节同相知

不管是哪个节日，都应当依据节日的习俗及活动内容的具体要求来发表祝酒词。节日祝酒词如同一幅画卷，主要分为三个精彩部分：其一，简洁明快地勾勒出参会来宾的风采、活动的宗旨以及活动内容的丰富；其二，浓墨重彩地渲染节日背景，展现出独特的魅力；其三，深化节日的主题，结尾处要用如诗般凝练之语铭刻这特殊的一日，触动来宾的心灵，引发大家的共鸣。

第一节　元宵节祝酒词

元宵节，象征着团圆与美好。在烟火绚烂、花灯璀璨的夜晚，祝酒词承载着对传统佳节的敬意，传递着合家欢乐、社会祥和的浓厚氛围。每一句祝酒词，都似那五彩灯笼散发的光芒，温暖人心。它不仅能够让欢乐在杯中满溢加倍，更能让大家在碰杯的瞬间铭记这特殊时刻，传承文化瑰宝，共享团圆之福。

1. 元宵节祝酒词

【宴会名称】元宵节节日宴会

【参加人】家人、朋友

【祝酒人】家人代表

尊敬的来宾，同志们、朋友们：

大家晚上好！在这火树银花、明月如盘的元宵佳节，我们欢聚一堂，共饮美酒，同庆佳节。

元宵节是中国文化的璀璨明珠。自古以来，每至元宵佳节，大街小巷张灯结彩，人们赏花灯、猜灯谜、吃元宵，其乐融融。

这是一个合家团圆的节日，亲情在这一刻更加浓厚，友情在这一刻更加香醇。

此刻，杯中的美酒就如同这节日的灯火，饱含着欢乐与温馨。它是我们对传统佳节的敬意，也是对身边每一个人的祝福。在这团圆的时刻，我们品尝着美酒，感受着家庭的温暖、朋友的情谊，社会的祥和也在欢声笑语中蔓延。

每一次举杯，都是对幸福生活的庆祝。希望我们能把元宵节所蕴含的团圆文化、民俗文化传承下去，让更多的人感受到它的魅力。愿在未来的日子里，我们都能被幸福环绕、被温暖相拥、被欢乐填满。在这元宵佳节，让欢乐的笑声和温馨的祝福，随着这美酒传遍每一个角落。

让我们共同举杯，为这美好的元宵节，为我们身边的亲人、朋友，为这充满希望的生活，干杯！

2. 元宵节祝酒词

【宴会名称】节日宴会

【参加人】公司经理、同事、嘉宾

【祝酒人】同事代表

尊敬的经理、各位同事：

大家晚上好！瞧，那圆圆的月亮露出了皎洁的脸，还有那甜甜的汤圆，它们宣告着又一个万家团圆的美好时刻来临。在这充满喜庆的佳节到来之际，我谨代表

××公司向各位来宾和各界朋友，表示最热烈的欢迎，并送上最诚挚的节日祝愿！

在这飞红落霞的绝美时刻，整座城市万人空巷，大家都沉浸在节日的欢乐中。今晚，整个××都沉浸在沸腾的喜悦里！当我们放起一盏盏五彩荷灯，那心湖便泛起快乐的涟漪；当一声声佳节的晚钟响起，那是我对大家最真挚的祝福在空气中传递。

此时此刻，我衷心地祝大家元宵节快乐！春天，是太阳最灿烂的微笑，是指引我们远航的希望风帆，更是生命蓬勃向上的象征。在这美好的春天里，让我们与娇艳的鲜花相依相伴，与美好的希望携手同行。

现在，让我们共同举杯，祝愿大家的生活如同今晚五彩斑斓的焰火一般灿烂夺目，每一个日子都红红火火，幸福能长长久久地围绕在我们身边。干杯！

第二节　妇女节祝酒词

无论是在历史的长河中，还是在当今社会中，女性始终是推动社会进步、文化繁荣和家庭幸福的重要力量。每年的 3 月 8 日，国际妇女节为我们提供了一个特别的机会，来庆祝女性在社会、家庭和职场中的伟大贡献。通过这样一个节日，我们共同为女性的力量、梦想和未来而举杯，送上最真挚的敬意与祝福。

1. 妇女节祝酒词

【宴会名称】妇女节节日宴会

【参加人】公司领导、同事

【祝酒人】领导代表

女士们、先生们：

晚上好！天时人事日相催，春来阳生现生机。在一片生机盎然的氛围里，全世界人民共同庆祝第××个国际劳动妇女节。××公司（单位）根据实际，安排全体女职工携爱人一起欢聚一堂，共同庆祝佳节。借此机会，我代表××公司领导以及全体男同胞，向广大女职工表示衷心的祝福和诚挚的慰问：祝你们潇洒靓丽、婀娜多姿、青春永驻，愿你们开心快乐、幸福相伴、安康永远！

感谢各位女士，你们是万里挑一的知识女性，自尊、自信、自立、自爱、自强，多重角色让你们在生活和工作中受累了。作为母亲、女儿，你们把自己的力量和爱心献给了家人；作为职工、干部，你们把自己的勤奋和智慧献给了教育事业。曾几何时，为了教育事业的发展你们起早贪黑，身体累瘦了，头发累白了。曾几何时，你们既要照顾好双方老人，又要做一个贤妻良母。沉重的工作、家庭负担压在肩上，你们勇敢地挑起来。这一切的一切充分证明了女同胞在社会、家庭中的重要地位。在公司，你们的重要性显得尤为突出，你们占了全体职工近半的比例，是你们的付出铸就了教育事业的更大辉煌。说句实在话：你们在承担着比男同志更多负担和压力的同时，仍然能够以主人翁的精神积极投身于各项工作，爱岗敬业，用实际行动塑造了“半边天”形象，赢得了男同志的佩服和尊重。你们永远是我们的骄傲，为你们自豪。再次谢谢你们，在座的全体女同胞们！

现在，我提议：

为了女同胞笑口常开、青春永驻、家

庭幸福，为了男同胞身心愉悦、事业发达、家庭美满，为了××的教育事业科学发展、率先发展、跨越式发展，干杯！

2. 庆祝妇女节趣味运动会迎宾祝酒词

【宴会名称】学校庆祝妇女节趣味运动会迎宾宴会

【参加人】学校领导、全体女职工、运动会工作组成员

【祝酒人】学校校长

女士们、先生们：

大家好！春回大地，万物复苏，伴随着春天的脚步，我们迎来了第××个国际劳动妇女节。今天，我们在这里举办××

学校庆祝妇女节趣味运动会，共同庆祝全世界妇女同胞的节日。在此，我代表全校教职工向各位妇女工作者致以节日的问候！预祝本次活动圆满成功！

第二届国际社会主义妇女代表大会确定每年的3月8日为妇女节。此后，全世界妇女开始为平等自由而奋斗。新时代的中国女性为社会发展作出了卓越贡献，无疑撑起了“半边天”。学校的成长与进步更是离不开女性的辛勤付出。妇女用智慧和汗水书写奉献，怀揣对幸福人生的向往，展现出善良与宽容的美好品格。在家庭中，她们是温暖的贤妻良母；在工作中，她们肩负起责任与担当。正因为有她们的努力，学校才更加美丽、更具力量。

在此，我们向所有女性教职工道一声衷心的感谢："你们辛苦了！"借趣味运动会召开的契机，希望大家能尽情享受这份欢乐，释放压力，收获属于自己的轻松与愉悦！

展望未来，学校的发展前景无限美好。我们衷心希望在座的各位女同胞胸怀远大志向，传承优良传统，弘扬时代新风，勤于学习，勇于探索，成为自尊、自信、自立、自强的现代女性。以更加广阔的视野、更加昂扬的精神风貌，为推动学校教育事业的高质量发展贡献智慧和力量！

最后，祝愿在座的姐妹们节日快乐，家庭和谐美满！干杯！

第三节 端午节祝酒词

端午节，最初是上古先民以龙舟竞渡形式祭奠龙祖的节日。后来，该节日承载了对屈原的追思，对民族精神的传承。端午节所饮之酒，浸透着粽叶的清香，混合着雄黄的韵味。端午节的祝酒词能够连接古今，让我们在欢聚中铭记先辈的高洁。

它可以让节日氛围更浓郁，让人们在碰杯间传承文化，让端午的意义在心中扎根。

1. 端午节祝酒词

【宴会名称】端午节招待宴会

【参加人】企业领导、来宾

【祝酒人】企业代表

尊敬的各位领导、各位来宾：

大家好！

端午佳节，粽香四溢，我们欢聚于此，共庆这个承载着中华民族悠久历史和深厚文化的节日。在此，我代表××企业向各位的莅临表示热烈的欢迎和诚挚的感谢！

端午节是中华民族传统文化的瑰宝，

它起源于上古先民对龙祖的祭祀。后来，伟大诗人屈原在这一天抱石投江，人们为了纪念他，赋予了这个节日更深刻的内涵。两千多年来，屈原的爱国精神如同一座不朽的丰碑，屹立在华夏大地，激励着无数中华儿女为了国家和民族前赴后继。这是一种刻在骨子里的民族精神，值得我们在每一个端午节缅怀与传承。

今日，我们相聚在这充满文化韵味的宴会中，美酒在杯，情谊在怀。这杯中的酒，就如同端午的龙舟竞渡，充满力量；又似那飘香的粽叶，饱含深情。它象征着我们在传承传统文化道路上的坚定决心，也寓意着我们城市发展的蒸蒸日上。

我们在品尝美酒的同时，也要传承端午节所蕴含的团结、爱国精神。愿我们像龙舟上的健儿一样，齐心协力，为城市建设而努力；愿我们以屈原为榜样，心怀家国，为民族复兴而奋斗。

现在，让我们共同举杯，为端午节的美好，为传统文化的传承，为我们共同的发展目标，干杯！祝愿大家端午安康，万事胜意！

2. 端午节祝酒词

【宴会名称】端午节招待宴会

【参加人】商会领导、来宾

【祝酒人】商会代表

尊敬的各位领导、各位来宾，同志们、朋友们：

在这惠风和畅、湖色旖旎的日子里，我们在这里隆重举行××县第××届“端午游湖”文化节。我谨代表××商会对前来参加这次活动的各位领导、各位来宾表示最热烈的欢迎和衷心的感谢！

××县历史久远，文化璀璨，美丽富饶。这次“端午游湖”文化节是我县举办的集旅游推介、文化交流、体育比赛为一体的盛会。办好这次活动，可以促进××开放开发，加强和推动××与外界的文化交流与经济技术合作，全方位展示××丰富的历史文化资源优势，提升文化旅游优势和特色经济发展优势。

我希望通过这次活动的举办，让更多的人认识××、热爱××、走进××、让更多的信息、文化在活动中得到传播、交流。通过沟通增进友谊，通过沟通激发感知，真正把“端午游湖”文化节办成展示风貌的窗口、对外交流的平台，真正为全县旅游产业的兴起壮大注入新的生机和活力，进而带动和促进全县经济的快速、健康发展。

最后，预祝××县第××届“端午游湖”文化节圆满成功。酒逢知己饮，诗向会人吟。朋友们，干杯吧！谢谢大家！

第四节　中秋节祝酒词

中秋节，是团圆与和谐交织的时刻。明月高悬，洒下银白色的光辉。在这如梦似幻之时，祝酒词成为人们情感的寄托。它承载着对合家团圆的期盼，蕴含着对远方亲人的思念。它能让欢声笑语围绕餐桌，让温馨在碰杯间传递。每一句祝酒词，都能让我们铭记亲情的珍贵，传承文化的内涵，共享团聚之乐。

1. 中秋节祝酒词

【宴会名称】中秋节庆祝晚会

【参加人】公司全体人员、嘉宾

【祝酒人】领导代表

尊敬的各位嘉宾，公司全体同人：

大家晚上好！

在这金风送爽、明月皎皎的中秋之夜，我们相聚在此处共度佳节，我心中满是欢喜。首先，我要向每一位出席的朋友表示最热烈的欢迎和最诚挚的感谢！

中秋节是中华民族的传统佳节，象征

着团圆、和谐与美好。在这个特殊的时刻，我们如同家人一般欢聚在此，共享这温馨的时光。回首往昔，我们共同经历了风风雨雨，每一次挑战都是成长的契机，每一次困难都是凝聚力量的砺石。公司的发展离不开每一位员工的辛勤付出，铸就了我们今天的辉煌。同时，我也要感谢各位嘉宾一直以来的支持与信任，让我们有了更广阔的发展空间。

今晚，明月见证我们的欢乐，月光洒在我们每一个人身上，如同温暖的拥抱。这轮明月，不仅是大自然的馈赠，更像是我们共同追求的美好愿景——圆满、和谐、繁荣。在未来的日子里，希望我们能够继续携手共进，如同这中秋明月一般，永远明亮、圆满。

此刻，让我们共同举杯，为我们的团圆，为我们的情谊，为我们共同的事业，为美好的未来，干杯！祝愿大家中秋快乐，身体健康，家庭幸福！也祝愿我们的公司蒸蒸日上，再创辉煌！

2. 中秋节祝酒词

【宴会名称】中秋节庆祝晚会

【参加人】公司全体人员、嘉宾

【祝酒人】董事长

各位来宾、同志们、朋友们：

大家晚上好！人逢喜事精神爽，每逢

佳节倍思亲。又是一年中秋佳节，我们在这里欢聚一堂，共叙友情，共庆佳节，心中充满欢欣和喜悦。

感谢大家多年来对公司的付出和奉献，在此，我谨代表公司董事会向各位致以真挚的问候和诚挚的祝福！回首昨天，大家都曾为××的发展和强大付出过汗水与心血，你们的奉献将永远在我们心中铭刻！

××年的锻造，使我们的团队更加精诚团结，使我们的员工更加尽职尽责。这些年来，在激烈的市场竞争中，我们的实力不断增强，我们的规模不断扩大……这一切都昭示着一个强大集团的蓬勃朝气和生生不息的动力。

举杯望明月，天涯共此时。有你，我们高歌唱响希望；有你，我们将快乐分享；有你，所有的梦都在生长。期待每一次的月圆，期待每一时的相聚，期待每一刻的欢畅，期待美好幸福的明天。

在这里，我再一次向各位道一声祝福，说一声平安，并向你们的亲人致以亲切的问候，祝大家中秋节快乐！现在，请大家举杯，为了我们的幸福生活，为了我们日渐深厚的情谊，为了朋友们的健康快乐，也为了××公司辉煌灿烂的明天，干杯！

第五节　重阳节祝酒词

重阳节，代表着长久长寿和敬老爱老。它彰显了中华民族敬老孝亲的传统美德，传达了我们向长者表达敬重与感恩之情的珍贵时刻。在这个特殊的节日里，祝酒词温暖着每一个人的心。它可以让晚辈对长辈的敬爱得以传递，更是文化传承的载体。

祝酒词中每一句真挚的话语，都能让我们在举杯间弘扬美德、珍惜时光，传承重阳文化。

1. 重阳节祝酒词

【宴会名称】重阳节庆祝宴会

【参加人】企业领导和来宾

【祝酒人】企业代表

尊敬的各位领导、各位来宾：

大家好！

岁岁重阳，今又重阳。在这金风送爽、丹桂飘香的美好时节，我们相聚于此，共同庆祝重阳节。在此，我谨代表××企业，向每一位出席的领导致以最诚挚的节日问候。

重阳节，是中华民族传统文化中一颗璀璨的明珠。这一节日，宛如一座跨越时空的桥梁，连接着过去与现在，提醒着我们传承先辈的美德。在漫长的历史长河中，尊老敬老一直是我们民族的优良传统，它如同璀璨星辰，照亮了我们文明的天空。

我们在繁忙的工作中，不能忘记那些为我们的事业奠定基础、付出心血的前辈们。他们曾经为了人民的幸福、社会的发展而殚精竭虑，奉献了自己的青春和智慧。如今，岁月虽然染白了他们的头发，但他们的功绩不应被遗忘，他们的精神值得我们传承。

今天，我们在重阳佳节举杯，酒中蕴含着我们对前辈们的敬重与感激。这杯酒，是对他们过去付出的感谢；这杯酒，也是我们在未来传承和发扬敬老传统的誓言。让我们共同饮下这杯酒，祝愿所有的前辈幸福安康！

最后，让我们再次举杯，为这个温馨的重阳佳节，为我们共同的责任和使命，干杯！

2. 重阳节祝酒词

【宴会名称】重阳节庆祝宴会

【参加人】公司离、退休老干部代表和有关领导

【祝酒人】领导代表

尊敬的离、退休老同志，尊敬的各位老领导、老前辈：

大家好！“三三令节歌重阳，九九芳辰乐老年。”在老年节到来之际，我代表公司向在座的老干部们致以节日的问候。

我们过去的成就，凝结着老同志的辛勤汗水，渗透着老同志的心血和奉献精神，体现着你们的远见卓识。你们老骥伏枥，壮心不已，余热生辉，志在千里。你们的行动给人们以鼓舞，你们的精神给人们以力量。

回首人生，老年人是一部蕴含着无尽智慧的百科全书，每一页都写满了生活的哲理和岁月的沉淀；把握今朝，老年人是一株傲然挺立的苍松，在风雨中展现出坚韧不拔的姿态，为我们撑起一片宁静的天空；憧憬未来，老年人是一部壮丽的史诗，他们的经历和贡献将永载史册，成为激励后人的不朽传奇。我们要学习和弘扬老同志的革命精神，弘扬中华民族尊老、敬老的美德，为老年人创造温馨舒适的生活环境。

现在，我提议：让我们共同举杯，向老同志们致以崇高的敬意，感谢他们多年来的辛勤付出与卓越贡献；祝愿老年朋友节日快乐，福寿安康，子孝孙贤。干杯！

第六节　国庆节祝酒词

国庆节，承载着国家的历史和民族的记忆，是国家独立、民族自强的荣耀象征。祝酒词在这一节日意义非凡，它既是对历史的缅怀，也是对先烈的致敬。每一句祝酒词都似激昂的战歌，点燃民众的爱国热情，增强民族凝聚力。它可以让我们在欢庆中铭记责任，传承使命。

1. 国庆节祝酒词

【宴会名称】国庆节庆祝宴会

【参加人】各级领导、嘉宾

【祝酒人】市领导代表

尊敬的女士们、先生们，亲爱的同志们、朋友们：

大家好！在这金风送爽、繁花似锦的美好时节，我们迎来了伟大祖国的生日——国庆节。

国庆节，是铭刻在每一个中华儿女心中的盛大节日。回首往昔，历史的长河波澜壮阔，我们的祖国曾历经风雨，饱受沧桑。然而，无数的仁人志士前赴后继，用热血和生命捍卫国家尊严，铸就了新中国的诞生之路。

今天，我们欢聚一堂，手中的这杯酒，满含着对祖国深深的祝福。它像是一条无形的纽带，将我们的心与祖国紧密相连。酒中有对先辈们的敬仰，是他们的无私奉献，为我们铸就了和平与繁荣的基石；酒中有对祖国大好河山的赞美，那壮丽的山川、辽阔的大地，是我们心中永远的眷恋；酒中更有对未来的期许，我们将接过时代的接力棒，为中华民族的伟大复兴而努力奋斗。

在这欢庆的时刻，让我们共同举杯。

为伟大祖国母亲的生日干杯，为祖国的繁荣富强干杯，为我们作为中华儿女的自豪干杯！愿祖国永远年轻，永远朝气蓬勃，向着更加灿烂辉煌的明天昂首前行。我们也将与祖国共奋进，在新时代的征程中续写华章。

2. 国庆节祝酒词

【宴会名称】国庆节庆祝宴会

【参加人】公司领导、嘉宾

【祝酒人】公司领导代表

尊敬的女士们、先生们，亲爱的同志们、朋友们：

大家好！金秋送爽，万里河山披锦绣；

丹桂飘香，一轮明月寄深情。我们亲爱的祖国，十月一日是您庄严而神圣的生日。细数从我们手中流过的时光，在心底油然而生出一种深刻的情怀。

××年激情岁月，××载春华秋实，伟大的中华人民共和国迎来了××年华诞。今夜，××万群众欢庆，××中心友朋如云。在此，我谨代表××公司向所有关心和支持我们发展的同志、朋友们，表示最诚挚的谢意！

新中国成立××年来，中国发生了历史性的巨变。在这新世纪的起步之年，中华民族迈开了实现伟大复兴的雄健步伐，神州大地充满生机，处处呈现出欣欣向荣的景象，经济建设保持了良好的发展势头，人民生活进一步改善，科技、教育、文化、卫生等各项事业蓬勃发展。

我们为祖国骄傲，我们为祖国自豪！现在，请大家举杯：为庆祝中华人民共和国成立××周年，为祖国母亲的繁荣昌盛，为各位来宾和朋友的身体健康、生活幸福，干杯！

第七章　职场，携手并肩谋事业

职场宴会作为一个较为正式的社交场合，有着特殊的氛围和礼仪规范。职场宴会的祝酒词有着较高的要求，措词要严谨得体，每一个字、每一句话都要经过反复斟酌。在展现庄重的同时，真挚情感的流露也不可或缺，要让听众能深切地感受到其中蕴含的热情、尊重等。此外，职场祝酒词大多是以集体名义呈现的，遣词造句有特定的标准和规范，这些细节不容小觑。

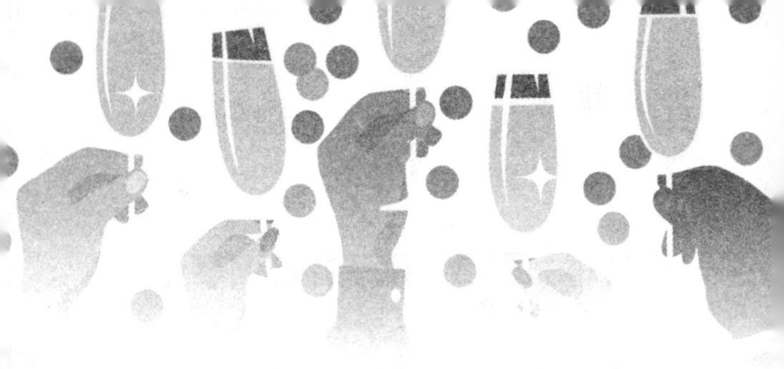

第一节　升迁祝酒词

升迁祝酒词，是在庆祝人们职务晋升的场合中使用的讲话。如果祝酒人不是当事人，一般要先“评功摆好”，然后再对当事人献上诚挚的祝贺；如果祝酒人是当事人自己，则要表现出一种谦虚的态度，对自己的功劳一言带过，要着重对各位领导的厚爱和同事的支持表示衷心的感谢。话语要真实，且富有感染力。

1. 升任广告总监祝酒词

【宴会名称】升职功宴

【参加人】领导、同事

【祝酒人】新任广告总监

尊敬的各位领导、各位来宾，亲爱的同事们、朋友们：

大家晚上好！今天是我人生中一个特别重要的日子。就在今天，我实现了多年来的梦想，终于成为我们公司的广告总监。今晚，我特邀各位来此共同欢庆，就是为了向大家致以最真诚的感谢。

近年来，我们公司已成为国内最具影响力的企业之一。在×总的带领下，我们公司励精图治、精益求精，开始努力朝着国际化迈进。我在大学期间读的是广告设计专业，毕业后便来到这里应聘，经过重重考核，最终得以加入到广告部这个温暖的大家庭中。

如今，各位领导对我寄予了厚爱，将我提升为广告总监。一开始，我有些迟疑，担心自己无法胜任这个职务。但是，在同事们的鼓励和支持下，我最终获得了自信，找回了自我，郑重地接下了这个艰巨又光荣的任务。

在未来的工作中，我会不断地提升和

完善自我，带领我们这个大家庭一起朝着更高的目标迈进。最后，让我们共同举杯，为我们公司越来越好、越来越红火，干杯！

2. 升任公司总经理祝酒词

【宴会名称】升职宴会

【参加人】公司总经理及其他领导、员工

【祝酒人】新任公司总经理

尊敬的各位领导，同事们、朋友们：

大家好！首先，我对总公司领导任命我为 ×× 公司总经理表示衷心的感谢。欣喜之余，我也感受到了一份沉甸甸的责任。

但请各位领导和同事放心，我不会辜负你们的期望与信任，我会用骄人的业绩回报你们！

我于 ×× 年 ×× 月进入公司，到现在已经快 ×× 年了。在这近 ×× 年的岁月里，我和在座的各位同事共同奋斗，以市场为导向，以优质服务为核心，每年均能超额完成上级组织下达的任务指标，使 ×× 呈现出一片欣欣向荣的景象。

我始终不会忘记，当我在工作中遇到困难时，听到的是同事鼓励的话语，看到的是同事的实际行动，感受到的是同事共挑重担的情意。我取得的所有这些成绩，离不开诸位同事的共同努力，离不开老领导、老同志的关心爱护和大力支持。在此，我向大家表示衷心的感谢！

从今天开始，我正式担任××公司总经理职务，我将以勤勤恳恳的态度，尽职尽责地干好每一项工作，认真听取各方面的意见和建议。此时此刻，我也真诚地希望在座的同人，能一如既往地关心支持我的工作。

同时，我也衷心希望总公司在物力、人力、财力等多方面给予我们大力支持和帮助。最后，让我们共同举杯，为××公司辉煌的明天，干杯！

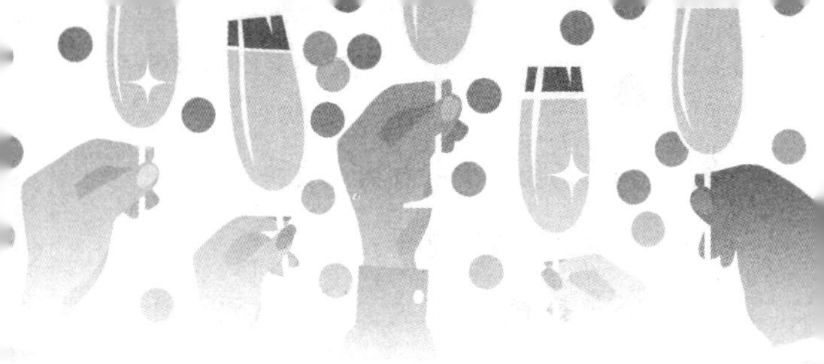

第二节　调动祝酒词

调动祝酒词，是职场祝词的一种。调动祝酒词要注重言辞得体，措词要遵循一定的模式。如果是为他人所作的祝酒词，应当表达一种热切的祝愿以及内心的不舍，整体基调应当较为大气；如果是调动人自己所作的祝酒词，可以谈谈自身的工作和生活经历以及对未来工作的规划，并作出承诺。同时，在结尾处要记得表达对领导、同事以及友人的真挚感谢。

1. 同事工作调动祝酒词

【宴会名称】欢送宴会

【参加人】公司领导、员工

【祝酒人】员工代表

尊敬的各位领导、各位同志：

大家好！俗话说，“天下没有不散的筵席”。我单位 ×× 同志因工作调动将要奔赴 ×× 单位 ×× 岗位，这是对 ×× 同志的一种磨炼。在 ×× 年的共事期间，我们彼此间已经建立了深厚的友谊。此次将天各一方，聚少离多，心中难免有所不舍。

在这里，我谨代表××单位领导及全体员工祝××同志前途似锦、万事如意！记得××刚进单位时，面对自己并不熟悉的岗位，他并没有心浮气躁，而是虚心请教，做事认真踏实。仅过了×个月，悟性极高的××就已经对自己的工作得心应手了。

不仅如此，在之后的工作中，无论是烈日炎炎还是天寒地冻，××同志都会提前半小时来到单位。在共事的××年中，他从未向领导请过一次假。他总是默默无闻、踏踏实实地完成自己的工作。这次，单位将××同志调动到××岗位，就是为了历练他。希望××同志在新的岗位上能继续勇攀高峰、发奋努力，为当地、为××事业作出贡献！

当然，也希望××同志有时间常回来看看我们！最后，让我们共同举杯，为××同志灿烂的明天，干杯！

第八章　商务，砥砺前行绘新篇

俗话说“无酒不成宴”，酒桌就像是一个独特的社交磁场。当我们举起酒杯时，觥筹交错间就可以拉近人与人之间的距离。而在办公室里，严肃的氛围常使人们谨慎内敛；在酒桌上，轻松的氛围更容易打开人们的心扉。在商业活动领域，在酒桌上谈成生意的概率要远远高于办公室。因此，重视商务祝酒礼仪、掌握祝酒词写作要领，是商务人士走向成功的一门功课。

第一节　迎宾祝酒词

迎宾祝酒词通常用于机关、企业举办的隆重庆典、大型集会、欢迎仪式以及洗尘宴会等重要场合，承载着主人对宾客的热烈欢迎与真挚敬意。它的言辞饱含热情，核心目的在于诚挚地欢迎来宾，体现出对他们的尊重，传递友好交往的愿望，增强彼此交流与合作的意向，进而营造友好和谐的社交氛围。迎宾祝酒词还具有一定的应对性，通常在主人致辞后，宾客会以答词回应，进一步加深彼此的理解和情谊。

1. 饭店迎宾祝酒词

【宴会名称】迎宾酒宴

【参加人】饭店领导、记者团成员

【祝酒人】饭店领导

漂亮的女士们、尊敬的先生们：

欢迎各位入住 ×× 饭店。在这喜气洋洋的日子里，我们相逢在 ×× 盛会。此时此刻，我代表饭店全体员工，衷心地祝愿大家在我店中满意惬意，万事如意！

我们饭店能有今天的发展，与新闻界朋友的帮助是分不开的。在此，请允许我对你们致以诚挚的谢意！这次××会的召开，又一次为××提供了机会，××饭店决心团结一致，全心全意做好这次大会的服务接待工作。

同时，我们也诚恳地希望大家对饭店的服务和产品提出宝贵的意见。为了接待××会的记者团，我们特别在××楼××厅准备了一份文化套餐。××期间，新闻记者凭采访证，可以在二楼文化中心享受五折优惠；茶艺园为记者提供了免费会客服务；网吧可以提供上网查询和传递电子稿的服务；书吧为记者准备了专题书架，提供图书、杂志和报刊查阅服务。

为了方便记者团了解××会，我们在每间客房配备了一份刊物《开卷》、一张报纸《文摘》。这些都是我们饭店自己编选的，免费赠送给住店记者，希望各位能够喜欢并提出宝贵意见。××饭店竭诚欢迎各位的到来，无论遇到任何事情，您都可以拨打二十四小时服务热线××！最后，让我们一起干杯吧！

2. 产品洽谈会迎宾祝酒词

【宴会名称】产品洽谈迎宾会

【参加人】集团董事长、总经理及全体员工，受邀嘉宾

【祝酒人】主持人

尊敬的女士们、先生们：

大家晚上好！在这个美好的夜晚，在这片广袤的土地上，我们共同迎来了××公司××年度产品洽谈盛会。欢迎各位远道而来的新老朋友，希望大家在这里度过一个愉快的夜晚。

在过去的一年里，××公司得到了各方朋友的大力支持与配合，通过实地考察各生产基地、审视产品以及开展心贴心的座谈与交流，加深了相互的了解和信任。展望未来，虽然形势依旧严峻，危机仍然存在，但我们坚信，只要抓住机遇、奋力拼搏，就一定能得到更好的发展。

为了能够得到更好的发展，今天，我们诚邀五湖四海的朋友相聚这里，畅谈未来。希望在座的各位老朋友能够一如既往地支持我们。相信在不久的将来，我们会成为亲密的合作伙伴。虽然我们相隔万里，但心是紧密相连的，成就事业的目标也是完全一致的。

“海内存知己，天涯若比邻。”相信今天的相聚，一定会为明天更好的合作奠定坚实的基础。让我们共同举杯，为今晚的相聚干杯，为美好的明天干杯！希望我们的友谊就像杯中的陈年老酒，越品越香。从现在开始，请大家敞开心怀，尽享一个喜庆的夜晚！

第二节　开业祝酒词

开业庆典是酒店、商场等为庆祝开业而举办的一种商业活动。在特殊日期举办庆典时，需要邀请特定人员，以提升知名度和美誉度，吸引一些潜在的客户。宴会时，要确定具体的邀请对象：邀请上级领导，以提升可信度；邀请潜在的、预期的未来客户，打造企业经营的基础；邀请同行业人员，以便日后的沟通合作。

1. 营业厅开业祝酒词

【宴会名称】营业厅开业典礼

【参加人】×× 分公司领导、员工，嘉宾。

【祝酒人】分公司经理

各位领导、各位来宾，女士们、先生们：

大家上午好！在这辞旧迎新的美好时刻，我们迎来了 ×× 分公司 ×× 路营业厅的盛大开业。在此，我谨代表分公司向每一位莅临开业典礼现场的嘉宾表示最热烈的欢迎和最衷心的感谢！

回首过往，×× 分公司自成立之日起，便实现了令人瞩目的高速发展。如今，我们的用户数量仍在不断攀升，已经增长到了 ×× 万户。这一数字是成立之初的 ×× 倍还多，这是对我们工作的最大肯定。一直以来，我们都将“追求用户满意服务”奉为至高无上的宗旨，并坚定不移地贯彻“一切以客户为中心”的理念。

据统计，目前公司有自建营业厅 ×× 个、合作营业厅 ×× 个、专营店 ×× 个、合作营业厅交费网点 ×× 个、代办入网网点 ×× 个，为客户提供了极大的便利。×× 路营业厅是与 ×× 公司合作开办的首家营业厅，采用了现代化设施，集移动综合业务受理、手机销售、维修售后等业务于一体，为客户营造了便捷的消费环境。

最后，在这意义非凡的时刻，我们心怀感恩：感谢各位长期以来对移动通信事业发展的支持，你们的陪伴与信任，如璀璨星光照亮前行之路。同时，预祝××路营业厅开业大吉。让我们共同举杯，为这美好的时刻干杯！

2. 百货超市开业祝酒词

【宴会名称】百货超市开业典礼

【参加人】领导、社会各界朋友

【祝酒人】超市负责人

各位领导、各位朋友、各位来宾：

在这个充满生机与希望的时节，我们迎来了××百货超市的开业。在此，我谨代表××百货超市的全体员工，向在百忙之中莅临开业庆典的各位领导及各界朋友，致以最衷心的感谢与最热烈的欢迎！

××百货超市位于黄金地段，有着便利的交通条件。超市营业面积达××平方米，共四层空间：一楼的日用百货、蔬菜水果以及各类文具，满足人们的日常所需；二楼的服装、鞋帽款式多样，玩具与床上用品也一应俱全；三楼汇聚各类先进的家用电器以及手机、电脑等电子产品；四楼的美食城更是云集了各地特色小吃、糕点与便捷快餐，让顾客尽享美食盛宴。

不仅如此，超市还配备了××平方米的停车场，满足顾客停车需求。本超市始终秉持“以服务为根、以顾客为本”的宗旨，推行“诚实守信、共建和谐”的经营理念，立志打造××市优秀品牌服务超市。

面对不同层次的消费者，我们还精心推出了特色专区，丰富了商品品种，形成了独特的个性。同时，我们也郑重承诺，超市所有产品价格实惠、质量过关，欢迎广大消费者监督。

第三节　签约仪式祝酒词

签约仪式大多出现在公司、企业之间，同时广泛应用于政府部门的合作场合。在公司、企业之间的签约仪式上，祝酒词需要简单介绍双方，挖掘双方的闪光点并予以巧妙的赞美，让彼此能够感受到被尊重与认可。如果有政府部门的参与，还需要在祝酒词中加入与政府政策相关的内容。这不仅能彰显政府的庄重正式，还能够为签约仪式增添一种浓厚的氛围。

1. 校企合作办学签约仪式祝酒词

【宴会名称】校企合作办学签约仪式

【参加人】企业负责人等

【祝酒人】高校负责人

尊敬的各位来宾，女士们、先生们：

下午好！四月的××，草长莺飞，一片清丽。今天，我们在此隆重举行签约仪式，这标志着××学院与××公司在合作办学、开放式办学方面迈向了更高层次的新阶段。在此，我向出席仪式的各位领导、朋友，以及××公司的相关同志表示热烈的欢迎！

为了顺应全球信息化、高科技的时代潮流，××学院自建院以来，秉持“依托区域优势、铸造品牌名校”的办学宗旨，聚焦高新技术前沿，贴合企业人才需求，致力于培养高技能应用型人才。学院坚持开放式办学与产学教结合，积极与企业、行业交流合作，建立校外实习实训基地。

此次与××公司成功创建校外滚动式实习实训基地，是校企“零距离”对接的成功范例，也是学院开放式办学的创新之举。实习作为教学计划的重要部分，是学生学业考核的必经环节。这一合作真正实现了学校、企业、学生三位一体的有机结合，为学生在就业市场提升竞争力提供了有力的支撑。

好的开端是成功的一半。希望双方在合作办学中，将×× 实习实训基地维护运作好。最后，祝愿×× 学院与×× 公司合作愉快，×× 公司事业蒸蒸日上，各位领导、嘉宾身体健康。谢谢大家！

2. 花卉项目签约仪式祝酒词

【宴会名称】花卉项目签约仪式

【参加人】公司领导、新老客户

【祝酒人】项目代表

各位领导、朋友，女士们、先生们：

大家好！在这盛夏时节，万木葱茏，百花争艳，我们尽享自然与园林之美。今天，××有限责任公司的××花卉项目在此举行签约仪式。在这里，让我们以热烈掌声欢迎各位领导和新老客户的到来。

现在，我向大家汇报一下项目的进展情况。该花卉项目自去年×月开启谈判，直至今日正式签约。在推进过程中，××单位全力支持，在项目用地测量、绘图等方面起到了积极的作为；××有限责任公司多次实地考察；××村通过召开相关会议，赢得群众理解支持，保障项目的顺利进行。在各方的齐心协力下，项目得以正式签约。

在此，我代表××有限责任公司，向一直关注、支持项目的各位领导、朋友致以诚挚的谢意！我们将为项目实施提供优质服务，营造一流环境，全力支持项目发展壮大。同时，按照合同要求，扎实推进项目落实，力争使其成为带动我镇经济结构调整的“龙头”。

最后，再次感谢在座各位，祝愿大家工作顺利、家庭幸福、心想事成！干杯！

第四节　营销展览祝酒词

营销展览是展示公司或企业实力的绝佳平台。在这样的特殊场合，祝酒词承载着独特的意义。它不仅是自我推广的利器，也承担着吸引投资、寻求合作的潜在任务。在祝酒词中，我们要融入激励的话语，这样既能彰显积极向上的精神风貌，让投资者和潜在客户看到潜力，还能激发他们合作与投资的兴趣，从而进一步推动企业的发展与壮大。

1. 酒品订货会祝酒词

【宴会名称】酒品订货会

【参加人】公司领导、新老客户

【祝酒人】公司领导

尊敬的各位领导、各位来宾：

大家上午好！在这个充满希望的日子里，我们相聚在此。我谨代表 ×× 公司，对今天出席订货会的各位嘉宾、新老朋友，致以热烈的欢迎和衷心的感谢！

对于公司经营来讲，发展不容易，成

为百年老店更不容易。在不断变革创新、与时俱进中，×× 的历史还在继续：从 ×× 品牌到 ×× 品牌，从区域品牌到全国品牌，我们一直在不断地突围。新产品的研发，家用酒、礼品酒、餐饮酒产品系列的形成，营销区域的不断扩展，说明 ×× 公司正在一步步走向辉煌。

我相信，在我们的共同努力下，×× 公司一定会在新时期焕发出新的光彩。可以说，×× 公司是一块蕴藏着丰富资源的土地，是一片有着巨大潜力的矿藏。感谢多年来与 ×× 公司共同发展的老朋友，同时欢迎加入 ×× 公司的新客户。

亲爱的朋友们，在这美好的时刻，无

论是刚刚结识的新客户还是一路相伴的老朋友，都值得我们珍惜。祝愿大家在今年都能收获满满，新的一年万象更新，身体康健，万事顺遂！让我们为合作举杯，祝合作愉快！干杯！

2. 家具精品展览会祝酒词

【宴会名称】家具精品展览会

【参加人】展览会组委会成员、参展厂商、社会各界朋友

【祝酒人】组委会委员

各位女士、各位先生：

在这个春暖花开的季节，我们迎来第××届××家具精品展览会开幕。在此，

我代表本次组委会全体工作人员，向前来参展的厂商和参加本次展会的社会各界朋友表示热烈的欢迎！

一年一届的××家具精品展览会已经拥有××年的历史，该展览会也是目前全国范围内最有影响力的家具行业盛会，在业内具有重大的影响。在××市举行本次家具精品展览会是一个明智的选择。

在本次展会上，我们可以看到来自各地的厂商以最新的产品设计、全新的风格吸引着众多买家。多家国际性家具企业和国内知名企业每年都选择在××家具精品展览会发布最新的家具产品，受到了诸多知名家居相关媒体的关注，使得该展览会在国际上也享有一定的地位。

本次展览会是历届最大的一次，现场的数百个展位无一空缺。同时，本次展览会预计会吸引超过××万观众前来参观，初步预计将达成交易额××万元。我相信，只要我们精诚合作，一定会将××家具精品展览会办得越来越好。我们将提供更好的服务，希望来到展览会的各位朋友都高兴而来、满载而归。

最后，让我们携起手来，共创辉煌的明天。干杯！